GENERAL CHEMISTRY LABORATORY EXPERIMENTS FOR INDUSTRY-COUPLED PROBLEM-BASED LEARNING

IC-PBL을 위한

일반화학실험

박경호 지음

한양대학교 출판부

주기율표(Periodic Table)

번호 기호
원자량 영문이름

1	2	3	4	5	6	7	8	9	10	11	12	13	14	15	16	17	18
1 H 1.008 Hydrogen																	2 He 4.003 Helium
3 Li 6.941 Lithium	4 Be 9.012 Beryllium											5 B 10.81 Boron	6 C 12.01 Carbon	7 N 14.01 Nitrogen	8 O 16.00 Oxygen	9 F 19.00 Fluorine	10 Ne 20.18 Neon
11 Na 22.99 Sodium	12 Mg 24.31 Magnesium											13 Al 26.98 Aluminum	14 Si 28.09 Silicon	15 P 30.97 Phosphorus	16 S 32.07 Sulfur	17 Cl 35.45 Chlorine	18 Ar 39.95 Argon
19 K 39.10 Potassium	20 Ca 40.08 Ca cium	21 Sc 44.96 Scandium	22 Ti 47.87 Titanium	23 V 50.94 Vanadium	24 Cr 52.00 Chromium	25 Mn 54.94 Manganese	26 Fe 55.85 Iron	27 Co 58.93 Cobalt	28 Ni 58.69 Nickel	29 Cu 63.55 Copper	30 Zn 65.41 Zinc	31 Ga 69.72 Gallium	32 Ge 72.64 Germanium	33 As 74.92 Arsenic	34 Se 78.96 Selenium	35 Br 79.90 Bromine	36 Kr 83.80 Krypton
37 Rb 85.47 Rubidium	38 Sr 87.62 Strontium	39 Y 88.91 Yttrium	40 Zr 91.22 Zirconium	41 Nb 92.91 Niobium	42 Mo 95.94 Molybderum	43 Tc 98 Technetium	44 Ru 101.1 Ruthenium	45 Rh 102.9 Rhodium	46 Pd 106.4 Palladium	47 Ag 107.9 Silver	48 Cd 112.4 Cadmium	49 In 114.8 Indium	50 Sn 118.7 Tin	51 Sb 121.8 Antimony	52 Te 127.6 Tellurium	53 I 126.9 Iodine	54 Xe 131.3 Xenon
55 Cs 132.9 Cesium	56 Ba 137.3 Barium	57 La 138.9 Lanthanum	72 Hf 178.5 Hafnium	73 Ta 180.9 Tantalum	74 W 183.8 Tungsten	75 Re 186.2 Rhenium	76 Os 190.2 Osmium	77 Ir 192.2 Iridium	78 Pt 195.1 Platinum	79 Au 197.0 Gold	80 Hg 200.6 Mercury	81 Tl 204.4 Thallium	82 Pb 207.2 Lead	83 Bi 209.0 Bismuth	84 Po 210 Polonium	85 At 210 Astatine	86 Rn 222 Radon
87 Fr 223 Francium	88 Ra 226 Radium	89 Ac 227.0 Actinium															

A : 고체원소 A : 기체원소 A : 액체원소 A : 합성원소

란탄계열	58 Ce 140.1 Cerium	59 Pr 140.9 Praseodymium	60 Nd 144.2 Neodymium	61 Pm 145 Promethium	62 Sm 150.4 Samarium	63 Eu 152.0 Europium	64 Gd 157.3 Gadolinium	65 Tb 158.9 Terbium	66 Dy 162.5 Dysprosium	67 Ho 164.9 Holmium	68 Er 167.3 Erbium	69 Tm 168.9 Thulium	70 Yb 173.0 Ytterbium	71 Lu 175.0 Lutetium
악티늄계열	90 Th 232.0 Thorium	91 Pa 231.0 Protactinium	92 U 238.0 Uranium	93 Np 237.0 Neptunium	94 Pu 244 Plutonium	95 Am 243 Americium	96 Cm 247 Curium	97 Bk 247 Berkelium	98 Cf 251 Californium	99 Es 252 Einsteinium	100 Fm 257 Fermium	101 Md 258 Mendelevium	102 No 259 Nobelium	103 Lw 262 Lawrencium

PREFACE

머리말

화학실험은 이공계 학생들의 기초적인 실험 경험과 설계 능력을 향상시키기 위해 많은 학교에서 기초필수 교과목으로 지정하여 강의하고 있다. 이 실험 수업의 주제들은 이론 수업인 일반화학 교과 내용과 최대한 병행할 수 있도록 학기별로 나누어 선정되었다.

본 실험 교재는 일반화학 및 일반화학실험 수업에 많은 경험을 가진 교수진들의 노하우와 실험실 설비 및 장비들의 여건을 고려하여 학생들이 효과적이고 자기주도적인 실험실습을 진행할 수 있도록 안내하고 있다. 또한 해를 거듭할수록 편리하고 정밀한 결과를 얻을 수 있는 실험 장비들이 개발되고 있어, 실험 방법이 이전의 정성적인 실험보다 정량적인 실험으로 바뀌고 있다. 이를 위해 기초적인 실험 장비의 사용법뿐만 아니라 MBL 장비 및 분석 기기의 사용법을 학습할 수 있도록 기획되었다.

이런 학습 과정을 통해 실험기구를 이용한 간단한 습식실험 방법과 질량 및 부피의 측정 방법, 킬레이트 등 여러 가지 물질의 물리화학적 특성을 알아내고, 산-염기 적정, 산화-환원 적정, 반응속도론, 갈바니 전지 등의 화학적 내용을 학습하기 위해 정량적인 실험법과 분광학적 실험 방법을 사용하여 우리 주위의 물질을 이해하는 데 도움이 될 수 있도록 안내하고 있다.

그리고 최근 대두되고 있는 PBL(Problem-Based Learning) 방식의 수업법을 도입하여 학생들이 직접 실험을 설계하고 이를 수행하며 스스로 학습 내용을 찾아내는 능력을 향상시키고, 여러 분석 장비 사용의 경험을 제공하고자 한다.

끝으로 이 교재를 활용하여 학습한 학생들이 실험에 재미를 느끼고, 실험 기본 능력을 철저히 갖춘 인재가 될 수 있기를 바란다.

2022년 2월

저자 대표

CONTENTS

차 례

일반화학실험 2학기 과정

실험실 안전 준칙 사항

01. 실험실에서 화학약품을 다루거나 유리 세공을 할 때는 반드시 보호안경(고글)을 착용해야 한다.
02. 담당 교수 및 조교의 지시에 따라 실험을 진행해야 하며, 절대 허가되지 않은 실험은 임의로 진행하여서는 안된다.
03. 시약(화학약품)을 취급하기 전에 레이블(Lable)을 읽고 확인해야 한다. 시약은 원래의 시약 병으로부터 깨끗한 비커나 시험관에 취해서 사용한다. 원래의 시약 병들을 실험대 위에 놓으면 안되며, 필요 이상의 양을 취하지 않는다. 일단 취한 시약 중 사용하지 않은 여분의 시약은 다시 시약 병에 넣지 않으며 적절한 방법을 사용하여 폐기한다(담당 교수 및 조교에 문의).
04. 시험관이나 유리 기구를 가열할 때는 천천히 온도를 높여야 한다.
05. 시험관 속의 액체를 가열하거나 어떤 반응이 일어날 때는, 시험관 입구가 자기 자신이나 다른 사람 쪽으로 향하지 않도록 주의 한다.
06. 시약(화학약품)은 매우 독성이 강하기 때문에, 절대 직접 코를 대고 냄새를 맡지 않아야 한다. 만일 시약의 냄새를 맡아야 할 경우에는 손을 사용하여 시약 병으로부터 얼굴 쪽으로 바람을 일으켜 냄새를 맡는다.
07. 사고가 발생하면 즉시 담당 교수 및 조교에게 보고 한다. 아주 경미한 사고라도 모두 보고 한다.
08. 진한 산을 물에 희석 할 경우, 물을 산에 직접 넣지 말고, 많은 양의 물에 산을 천천히 붓는다.
09. 실험을 진행할 때 유독 가스가 발생되는 실험은 통풍이 잘 되는 후드(hood) 안에서 진행하거나, 실험 테이블 위에 설치된 암-후드(arm-hood)를 가스가 발생되는 실험 장치 위에 설치해서 실험을 진행한다.
10. 실험을 마친 후 생기는 폐시약은 모두 폐액통에 폐기 한다. 고체 폐기물은 화학물질 폐기통에 버리거나 조교가 지정한 고체 폐기통에 버리고, 절대 씽크대에 버려서는 안된다.

11. 고무마개나 고무관을 유리관에 끼우려 할 때는, 유리관에 윤활유 또는 물을 묻힌 후 끼운다.
12. 실험이 끝나면 사용한 실험 장비 및 초자들을 원상태로 분리하여 깨끗이 씻고, 원래 있던 장소에 정리한다.
13. 고체 시약을 테이블 위에 흘렸을 때는, 깨끗하게 쓸어내고, 액체 시약을 흘렸을 경우에는 타월 또는 킴테크를 사용하여 닦아낸다.
14. 눈에 시약이 튀어 들어간 경우에는 아이 워셔 스테이션(eye-washer station)을 사용하여 충분히 씻어내고, 얼굴이나 손에 산, 염기 또는 다른 시약이 튀어 묻었을 경우에는 흐르는 물을 사용하여 충분히 씻어낸다.
15. 실험실에서는 어떤 것도 먹을 수 없으며, 흡연은 절대 금한다.
16. 실험 중 현기증이 나면, 쪼그리고 앉아서 다리 사이로 머리를 낮춘다. 심할 경우 담당 교수 및 조교에게 보고하고 119를 부른다.
17. 실험 시간 전에 반드시 그날 실험한 내용을 실험 교재 및 동영상을 통해 실험 내용을 확인 후 실험에 임한다. 실험 시간이 제한되어 있으므로 실험 실습에 참여하기 전, 실험 시뮬레이션을 통해 철저히 준비 후 실험실에서 효과적으로 실습할 수 있도록 준비한다.
18. 실험 보고서(리포트)는 직접 자필로 기입한다.

실험 기구

Test tube
Beaker
Erlenmeyer flask
Florence flask
Reagent bottle
Filter flask

실험 기구 1

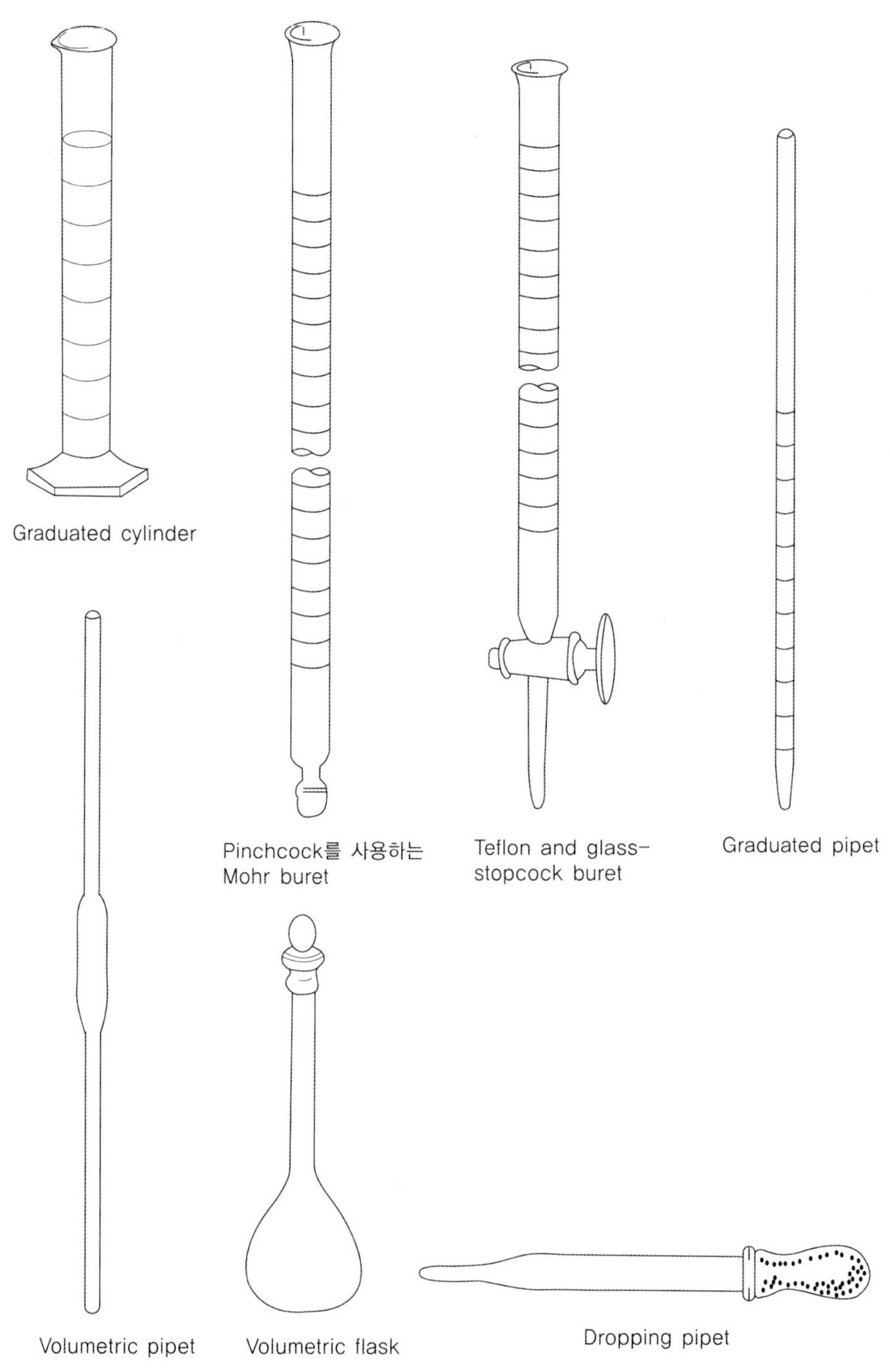
Graduated cylinder
Pinchcock를 사용하는
Mohr buret
Teflon and glass-
stopcock buret
Graduated pipet
Volumetric pipet
Volumetric flask
Dropping pipet

실험 기구 2

짧은 깔때기(glass)
funnel
자기제
유리제
자기제
유리제
도가니꼴 유리거르제
Wash bottle
깔때기를 지지할 수 있는 ring clamp가 있는 ring stand

실험 기구 3

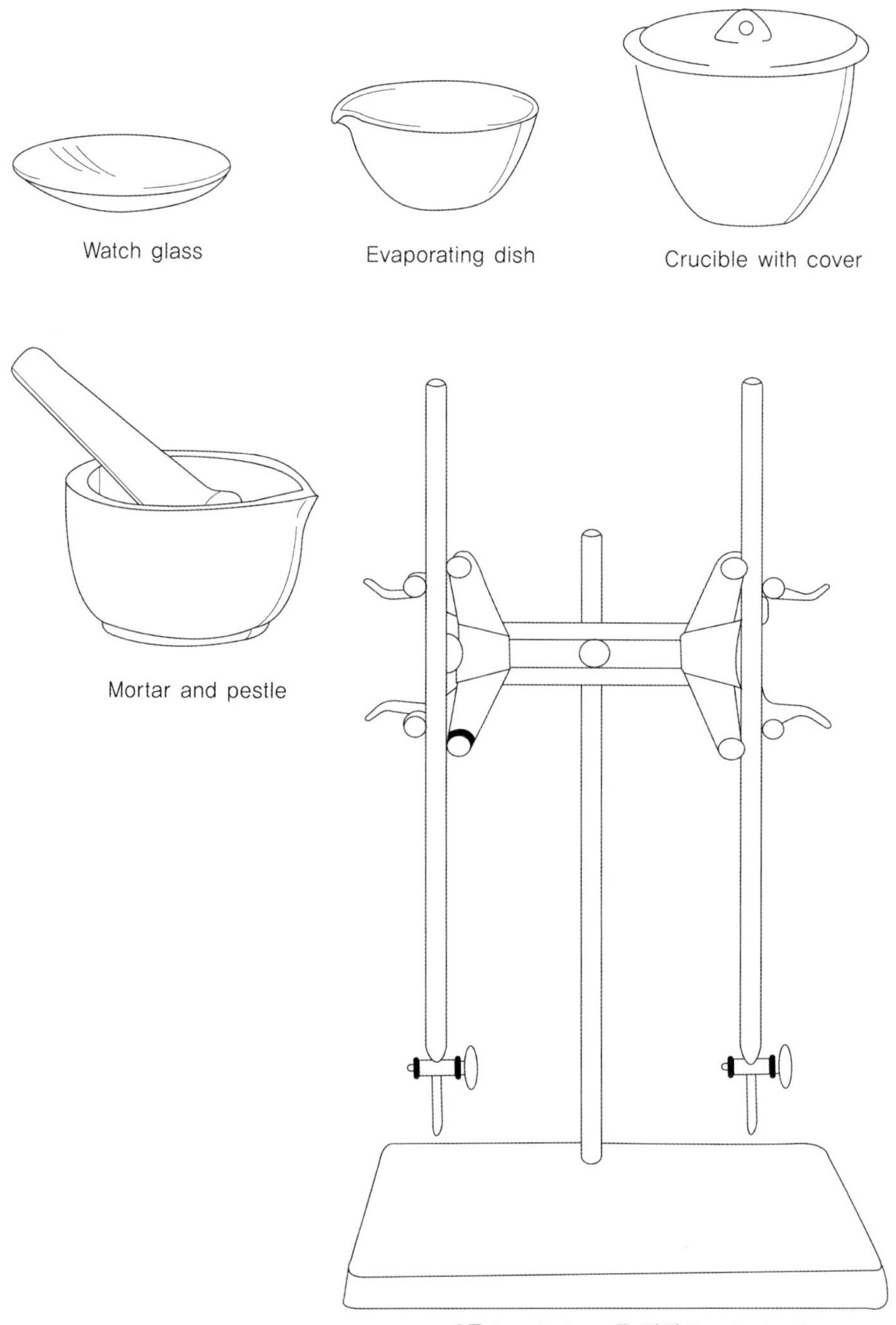
Watch glass
Evaporating dish
Crucible with cover
Mortar and pestle
2중 buret clamp를 가진 buret stand

실험 기구 4

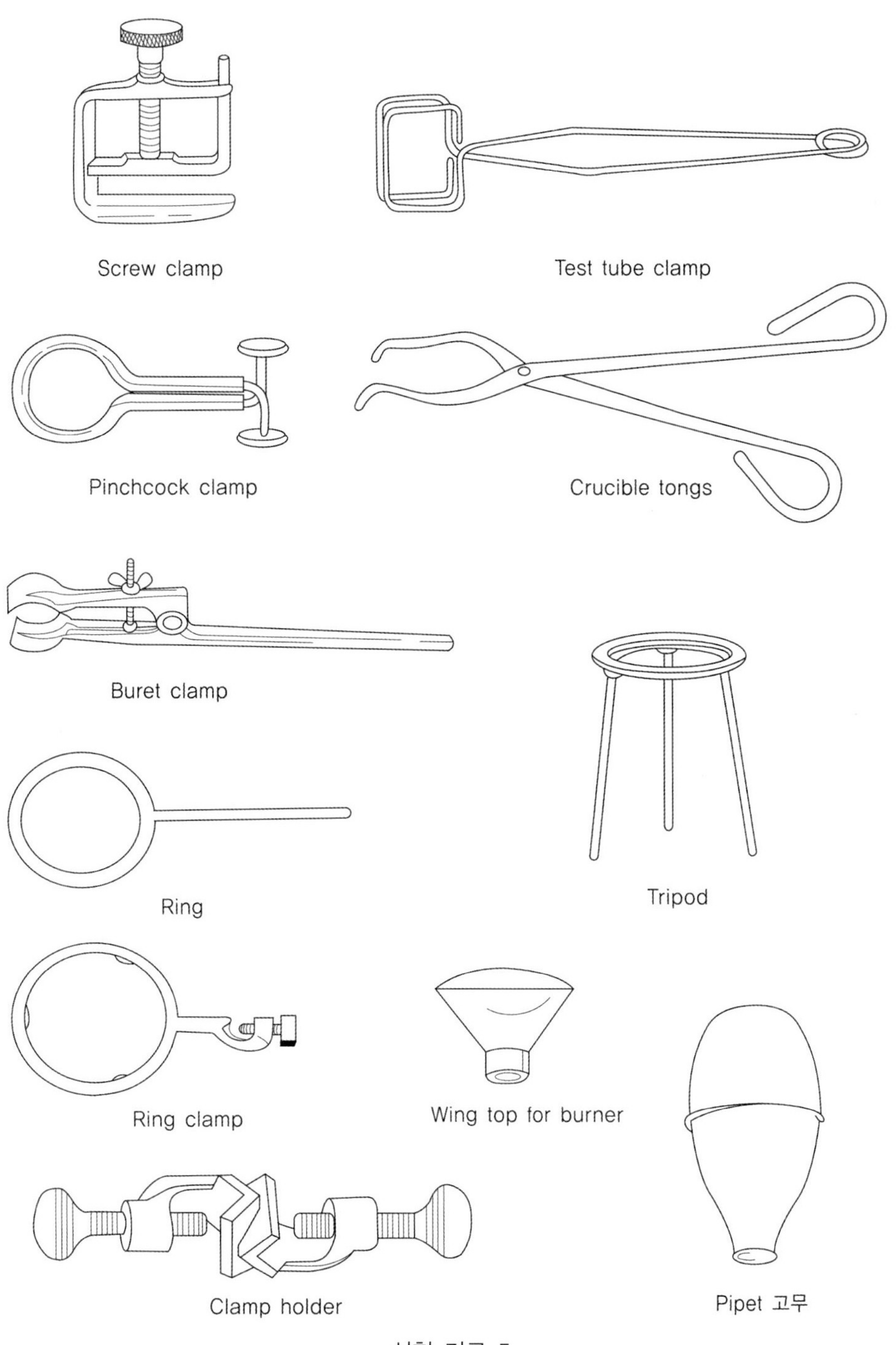
Screw clamp
Test tube clamp
Pinchcock clamp
Crucible tongs
Buret clamp
Ring
Tripod
Ring clamp
Wing top for burner
Clamp holder
Pipet 고무

실험 기구 5

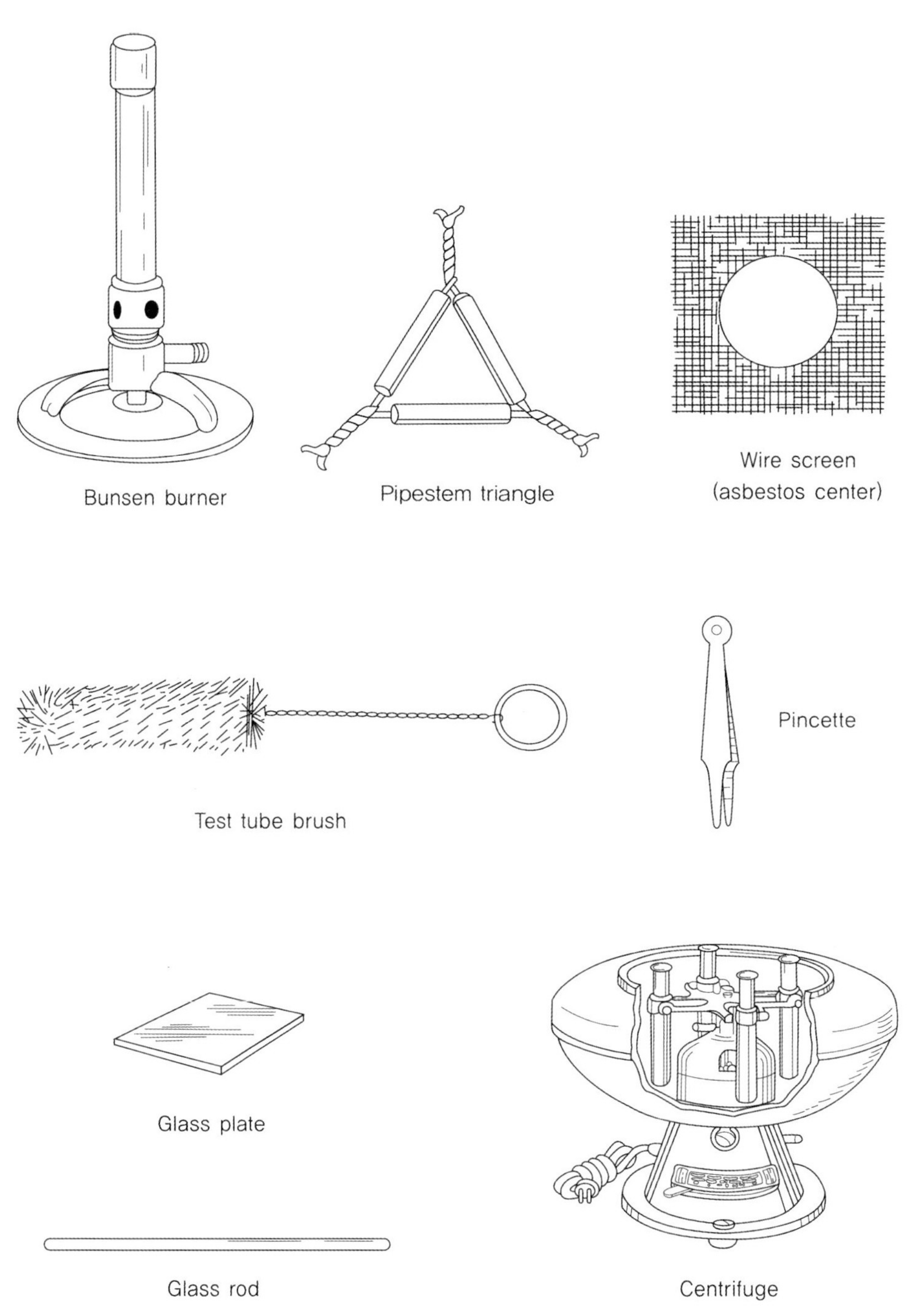
Bunsen burner
Pipestem triangle
Wire screen
(asbestos center)
Test tube brush
Pincette
Glass plate
Glass rod
Centrifuge
실험 기구 6

기초적인 실험방법

1. 길이 측정

그림에서 보는 바와 같이 이 자는 미터 단위를 비교하여 나타내었다.

이 센티미터자를 사용할 때 정확하게 0.1 cm까지 읽을 수 있고 다음 자리 숫자만은 어림잡을 수 있다. 예를 들면 이 자로 측정된 길이가 8.23 cm라면 첫 두 숫자 8.2는 정확하게 읽을 수 있지만 세번째 숫자 3은 ±2의 오차로 어림잡을 수 있다. 단지 세 숫자만 기록한 이유는 오른쪽에 더 많은 숫자를 측정한다는 것을 의미하기 때문이다.

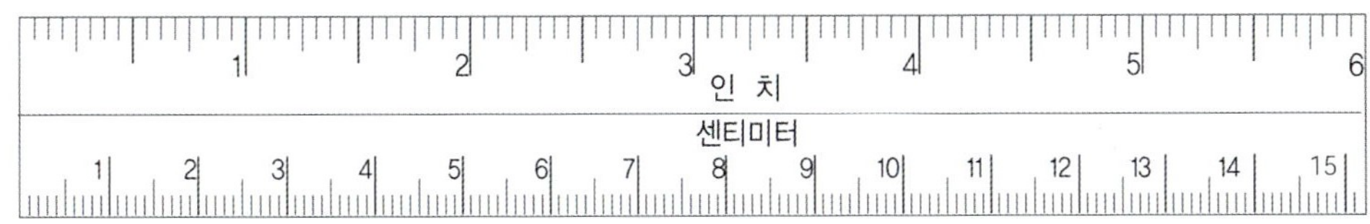

길이 측정

2. 부피 측정

액체 또는 기체의 부피는 부피 단위로 읽도록 눈금이 그어진 유리 기구를 사용함으로써 측정된다. 이와 같은 부피 측정 기구는 항상 사용하기 전에 세제를 사용하여 불순물을 제거하고 물로 헹군 후 완전히 깨끗하게 해야만 한다. 만약 유리 표면이 깨끗하지 않다면 액체는 균일하게 표면을 적시지 못 할 것이고 또한 액체가 잘 배출되지 않을 것이다.

1. 눈금 실린더는 보통 액체를 측정할 때 사용된다. 필요한 액체의 부피는 액체 상단의 구부러진 표면의 가장 낮은 부분(메니스커스)이 올바로 표시 될 때까지 실린더에 액체를 부어 넣어서 정확하게 측정 할 수 있다. 액체의 부피를 측정할 때는 메니스커스와 같은 수평 위치에 여러분의 눈 위치를 두도록 한다. 이와 같이 정량적으로 측정된 액체 부피를 또 다른 용기에 옮기기 위해서는 눈금 실린더를 기울여

붓고 그리고 액체가 모두 비워질 때까지 15초 동안 기울여진 상태를 유지한다. 그 다음 용기의 내부 벽에 실린더를 접촉시켜 실린더 주둥이로부터 최종의 액체 방울을 제거시킨다.

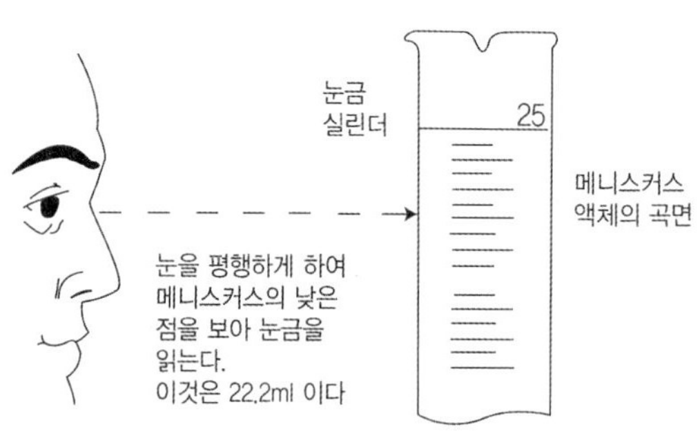

부피 측정 1

2. 만일 눈금관이 실험 장치의 다른 부분에 연결되어 있다면 그 관은 기체를 모아서 그 부피를 측정하는 데 사용될 수 있다. 물이 그 관으로부터 잘 빠져나오도록 세제와 시험관 솔로 그 관을 문질러서 깨끗이 닦도록 한다.
3. 뷰렛은 깨끗한 눈금관에 고무 연결관으로 연결된 유리 분출구로 조립되어 있다. 고무 연결관 주위를 물리고 있는 핀치코크는 연결관을 개폐할 수 있도록 되어 있다. 뷰렛은 특히 시약 용액을 단계적으로 첨가시키면서 소량씩 첨가하기 위한 실험(적정 실험)에 유용하다. 깨끗한 뷰렛은 우선 세척병의 증류수로 세척한다. 세척은 증류수통에서 하지 말고 싱크대에서 한다. 그리고 또한 증류수를 낭비하지 말라. 그때 시약 용액 5mL로 뷰렛을 두 번 정도 씻어내고 그 용액은 유리분출구를 통해 비커로 빼낸다. 뷰렛 윗부분까지 시료용액으로 채우고 고무 연결관과 유리분출구도 완전히 용액으로 채워지도록 한다. 유리분출구의 공기 방울은 유리관을 위로 향하게 하면서 유리관을 구부려 제거시킬 수 있다. 기체 방울은 유리분출고의 끝으로 올라갈 것이며, 순간적으로 조심스럽게 핀치

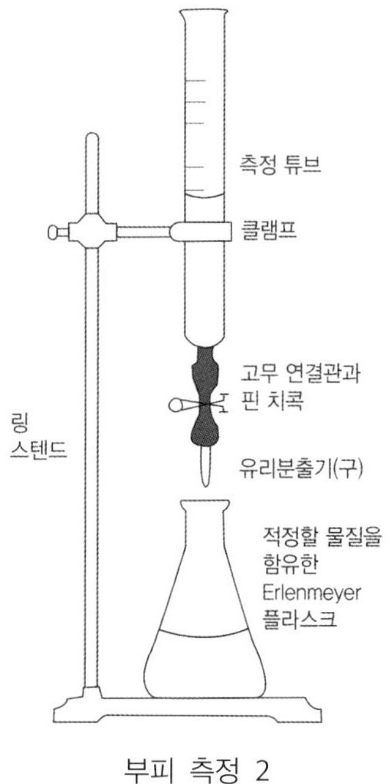

부피 측정 2

코크를 열어줌으로써 기체 방울에 압력이 가해지도록 할 수 있다. 유리 분출관 끝에 붙은 약간의 용액 방울을 제거하기 위해서 비커의 안쪽에 유리 분출관을 갖다 댄다. 시약을 첨가시키고자 하는 용액을 뷰렛 밑에 놓는다. 용액의 메니스커스에서 가장 낮은 뷰렛의 위치를 읽고 기록한다(시선은 동일 수평 위치에 두도록 하며 대략 0.01 mL까지 측정한다). 핀치코크를 열어줌으로써 받는 용기에 필요한 만큼 천천히 혹은 빠르게 용액을 받을 수 있다. 필요한 만큼의 시약이 얻어졌을 때 약간의 매달린 용액 방울을 제거하기 위해서 분출구 밑에 비커 안쪽을 갖다 댄다. 메니스커스의 최종 위치를 읽어주고 처음에 읽은 값과 비교함으로써, 뷰렛으로부터 용기에 넣은 시약 용액의 정확한 부피를 얻을 수 있다. 이들 값을 읽을 때에는 뷰렛의 눈금에 맞는 유효 숫자를 사용하도록 한다.

3. Bunsen 버너

분젠 버너는 주로 실험실에서 열을 가해줄 때에 사용된다. 이 버너는 연료 기체가 완전연소 되도록 적당한 공기의 양과 혼합되어 열을 최대량을 얻을 수 있게끔 고안되었다.

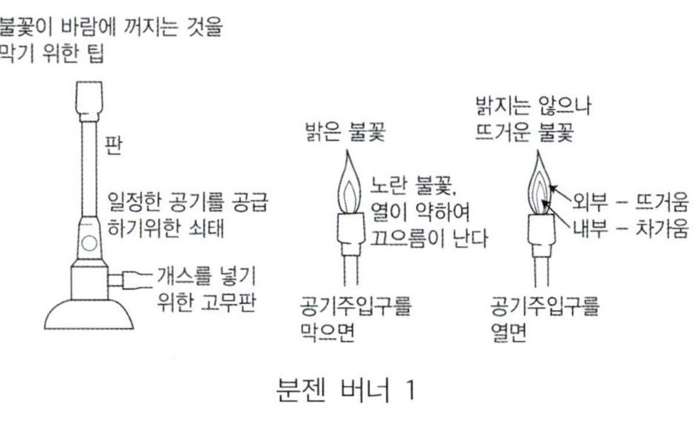

분젠 버너 1

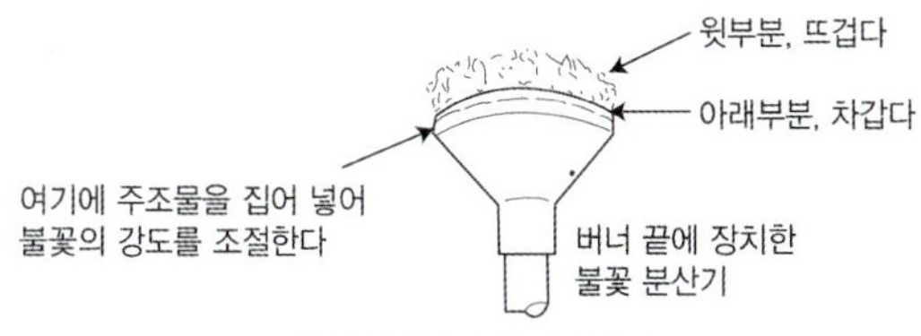

분젠 버너 2

적절하게 이 버너를 사용하기 위하여 그것의 구조와 조작을 이해해야만 한다. 실험실에서 이 버너를 사용하기 전에 우선 그 구조를 세심히 조사한 다음 gas line에 연결시켜 점화한다. 밝은 불꽃이 나도록 하기 위해 공기 흡입구를 닫도록 한다. 이것은 기체가 완전연소를 일으킬 수 있는 충분한 공기와 혼합되지 못했기 때문에 형성된 탄소입자들은 백열광을 내는 것이다. 밝지 않은 뜨거운 불꽃은 공기가 주입되어 기체와 혼합되도록 버너의 아랫부분의 collar를 열어 줌으로서 발생시킬 수 있다. 기체의 공급은 불꽃의 높이가 약 10cm 정도 되도록 조절되어야 하며 기체-공기 혼합물의 조성은 불꽃에 두 부분의 빛이 나타나도록 조절되어야 한다. 과량의 공기는 불꽃의 온도를 강화시키거나 또는 불꽃을 꺼져버리게 한다. 적당히 가온 된 불꽃을 사용하도록 한다. 불꽃 분사기로 버너의 끝을 바꾸어 줌으로서 유리관의 가열 범위가 관의 세로 방향으로 넓은 부분에 충분히 불꽃이 퍼지도록 한다. 그것은 유리관이 접혀짐이 없이 잘 휘어질 수 있도록 해준다. 공기의 공급을 증가시키는 일이 이 불꽃의 광도를 감소시키며 불꽃을 두개의 부분으로 분리시키는데 상단의 불꽃이 더 온도가 높다.

효과적인 가온을 위해 유리관을 세로 방향으로 하여 불꽃 상단의 넓은 부분 가까이에 접근시킨다. 불꽃 분사기를 버너에서 제거할 때에는 매우 뜨겁게 가열되었으므로 타올을 사용하여 분사기를 다룬다.

4. 병으로부터 액체 따르기

병으로부터 액체를 취하고자 할 때 시약의 오염을 주의한다. 병마개 부분을 다른 물질과 접촉되지 않도록 한다. 만약 마개가 평평한 면을 하고 있다면 마개의 평면 끝을 붙들거나 책상 위에 뒤집어놓는다. 만약 마개가 vertical flange로 되어 있다면 그림에서와 같이 손가락 사이로 마개를 잡고 마개를 제거한다. 그리고 그 손으로 병을 들어올리고 다른 손으로 용액을 담기 위한 용기를 잡는다.

병의 주둥이를 갖다 대어 액체가 튀지 않도록 용기의 측면에 부어 넣는다. 그리고 액체가 병 바깥 면으로 흐르지 않도록 한다. 젓게 막대를 용기의 측면에 대고 액체를 붓도록 한다. 만약 액체가 병 바깥으로 흘렀다면 다시 병 주둥이를 깨끗이 닦도록 한다.

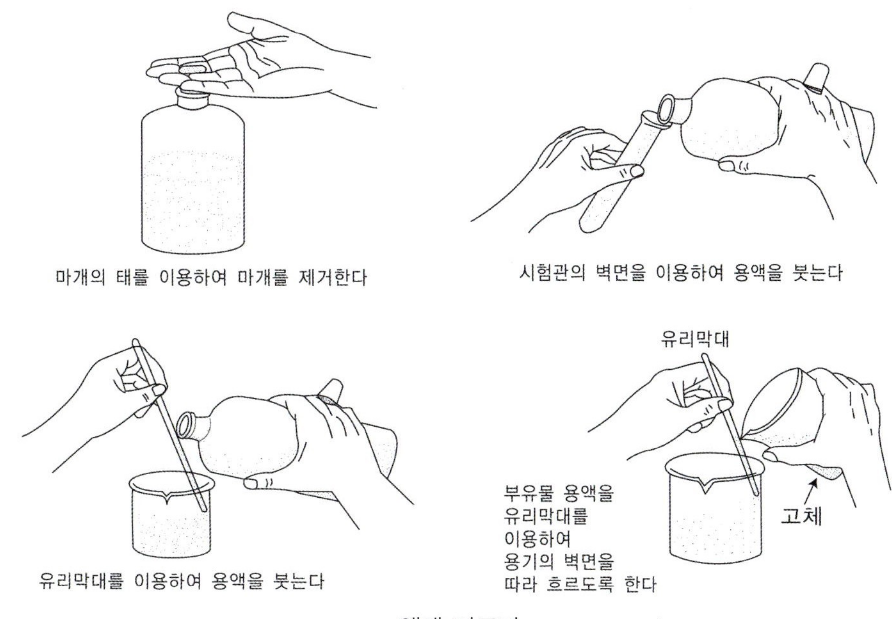

액체 따르기

5. 기울여 따르기

용액 따르기라 부르는 이 과정은 비커의 밑바닥에 정착된 고체로부터 액체를 분리하는 데 사용된다. 위의 그림에서와 같이 비커와 입구에 젓게 막대기로 대어 접촉시켜서 두 번째 비커의 측면에 흘리지 않도록 하며 잘 붓는다.

6. 여과법

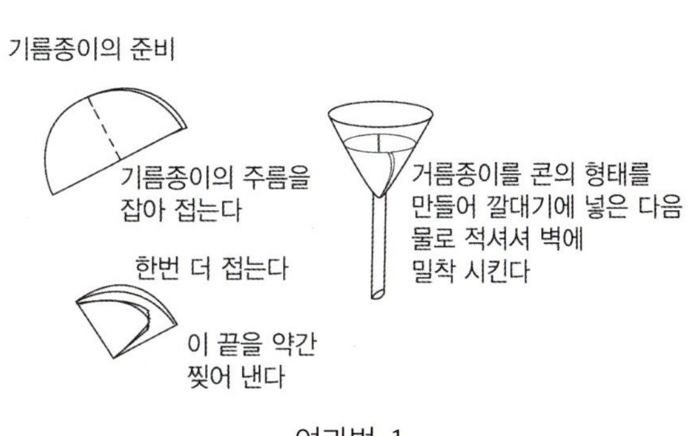

여과법 1

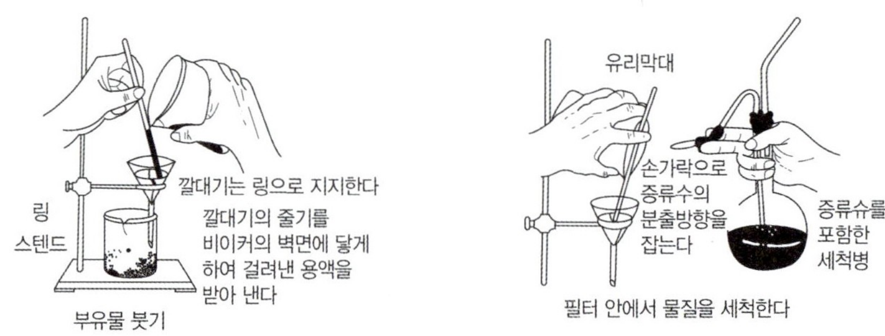

여과법 2

이 방법은 현탁액으로부터 미세하게 분산된 고체를 분리하는 데 효과적이다. 그림에서와 같이 거름종이를 준비하고, 원형 거름종이를 포개어 접은 후 다시 4등분하여 접는데, 이때 주름을 내지 말아야 한다. 거름종이 한 끝을 찢어낸 후 거름종이의 세 겹을 한 면으로 하고 한 겹으로 된 것을 다른 면으로 하여 거름종이를 벌려놓는다. 그런 다음 그것을 유리 깔때기에 끼워 넣는다. 깔때기 면에 거름종이를 밀착시키고 유리에 부착되도록 물로 적신다. 거름종이는 깔때기 윗면까지 미치지 않도록 한다. 그림에서와 같이 스텐드 고리에 깔때기를 고정시키고 깔때기 대롱이 비커 면에 닿도록 깔때기 밑에 비커를 장치한다. 거름종이 위에 현탁액을 붓는다. 이때 유리봉을 거름종이의 끝보다 더 낮은 부분에 접근시킨 후 비커 입구에 수직으로 놓고 붓는 것이 가장 좋은 방법이다. 거름종이 윗면까지 액체를 채우지 않도록 주의한다. 증류수가 들어가는 세척병을 사용하여 거름종이에 묻어 있는 여분의 물질을 씻어낸다. 거름종이를 통해 나간 액체를 거른 액이라 하며, 거름종이에 남은 고체를 잔유물이라 한다. 용액으로부터 잔유물을 유리시키기 위해 세척병의 물로 다시 세척한다(주름이 많이 가도록 거름종이를 접는 방법도 찾아보자).

7. 원심분리법

원심분리기를 사용하여 미세하게 분리된 고체를 현탁액으로부터 매우 빠른 속도로 완전하게 침전시킬 수 있다. 이 기계는 전기 모터에 의하여 고속으로 회전할 수 있는 축에 설치된 회전자 선단부가 있다. 현탁액을 작은 시험관에 넣고 회전자를 소켓 중 하나에 장치한다. 이때 시험관 입구를 중앙으로 향하게 하여 기울인다. 두 번째 시험관도 같은 방법으로 현탁액 또는 물을 동일 부피로 하여 정반대 쪽에 장치하여 각 시험관을

균형 있게 하는 것이 중요하다. 회전자를 급속도로 회전시키면 고체 입자들이 원심력에 의하여 시험관 바닥에 모인다. 약 2분 동안 원심분리를 시킨 후 기계를 멈추고 시험관을 제거한다. 그 후 맑은 액체를 고체로부터 가만히 따르거나 또는 의학 dropper로 뽑아낼 수 있다. 증류수를 가하여 용액 내에 포함된 약간의 유리된 고체를 세척하고 다시 시험관을 흔들어서 다시 원심분리한다.

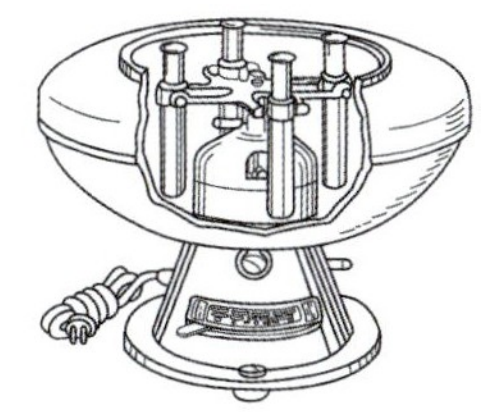

원심분리법

8. 용액의 조제

기체는 액체 내로 기포를 통과시킴으로서 용해시킬 수 있다. 액체와 액체는 두 약체가 서로 부가된 후 흔들어서 혼합될 때 한 액체가 다른 액체를 용해할 수 있다. 고체는 액체 용매 내에서 흔들어줌으로써 용해된다. 만약 고체가 온도가 오름에 따라 용해도가 증가한다면, 가열된 혼합물은 해리가 촉진될 것이다. 용질이 용해도는 그것이 완전히 용해될 때까지 용질의 소량에 계속적으로 적은 양의 용매를 부가함으로서 정성적으로 측정할 수 있다.

9. 증발법과 결정법

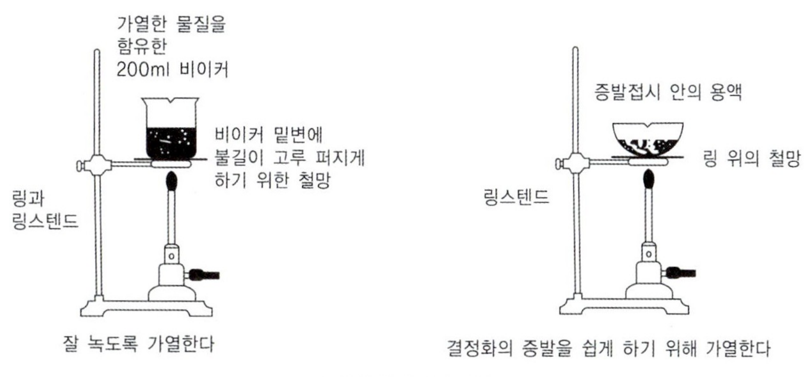

증발법과 결정법

휘발성 용매 내에 있는 고체의 용액은 증발접시에 부어 넣음으로서 성분들을 분리할 수가 있다. 고리 스텐드에 장치된 쇠그물에 장치하고 가열하면 용매는 증발하고 비휘발

성 고체는 접시에 남게 된다. 가열 속도를 조절함으로써 용액이 튀는 것을 방지한다. 용액이 충분히 농축되었을 때 고체는 결정화되기 시작할 것이다. 만약 모든 용매가 증발될 때까지 가열한다면, 모든 고체는 회수될 수 있다. 만약 용매가 연소성이라면 직접 불꽃으로 가열하지 말고 증기탕, 전기 가열판, 또는 태양 등으로 가열한다.

10. 고체 건조법

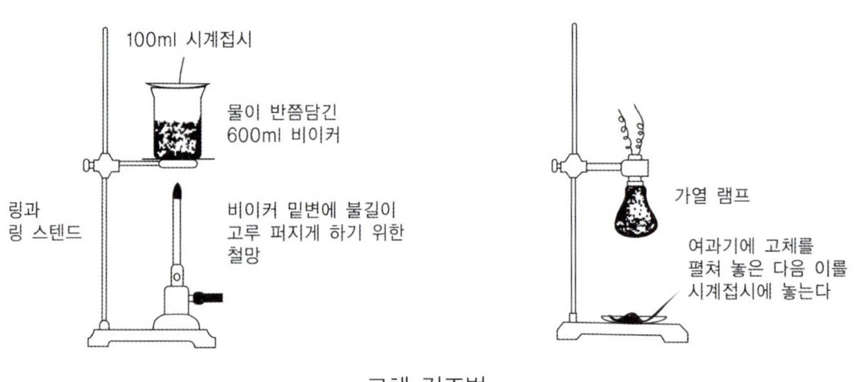

고체 건조법

침전물이 형성된 것을 여과지에 모으고, 용액으로부터 침전물을 분리하기 위해 세척하는 실험에 있어서 시료의 질량을 측정하기 전에 건조시켜야만 한다. 간단한 증기탕은 그림에 나타난 바와 같이 조립한다. 비커에 물을 반 채우고, 비커 오목한 면 위에 시계접시를 장치한다. 물을 서서히 비등시킴으로써 발생되는 증기는 시계접시를 가열한다. 만약 시료가 묻어 있는 여과지가 시계접시에 펼쳐져 있다면, 여과지와 시료는 물의 끓는점 이상 가열되지 않도록 할 수가 있다.

시료를 건조시키는 매우 유리한 방법은 시계접시 위에 시료를 펼쳐 놓고 가열램프 밑에 시료를 놓는다(그림 참조). 그 태양 등은 시료가 과열되지 않도록 하기 위해 시료 위(약 14인치)의 충분한 위치에 매달아야만 한다.

11. 승화법

고체가 직접 증기로 변하고 그 증기가 직접 고체 상태로 응고할 때, 이러한 현상을 승화라고 한다. 고체가 융해점보다 낮게 가령될 때 다소 증기화되는 고체는 같은 조건

하에 있는 비휘발성물질이 불순물로부터 분리할 수 있다. 그림에 나타낸 장치는 사용하기에 편리하다. 증발이 너무 급히 일어나 튀기는 현상이 없도록 하기 위해서 서서히 열을 가해주어야만 한다. 느린 승화는 잘 형성된 결정을 크게 변화시키는 데 편리하다.

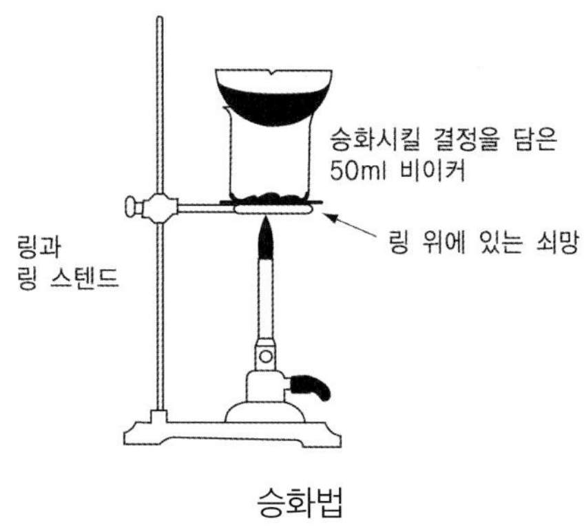

승화법

일반화학 IC-PBL 실험 소개

PBL이란, Problem-Based Learning 또는 Project-Based Learning의 약자로 문제 또는 과제를 스스로 해결하면서 학습하는 학습법의 일종이다. 이런 PBL 방식의 수업 형태는 일반 기업체가 가진 문제를 해결하고자 하는 내용과 병합되어 Industry-Coupled Problem-Based Learning(IC-PBL)으로 발전하였고, 많은 수업에 적용되고 있다. 이 IC-PBL의 유형은 4가지로 분류되는데, 현장 통합형(Merge), 현장 평가형(Evaluate), 문제 해결형(Create), 현장 문제형(Anchor) 등이 이에 해당하며, 이들의 영문자 첫 글자를 모아서 MECA라고 부른다.[1]

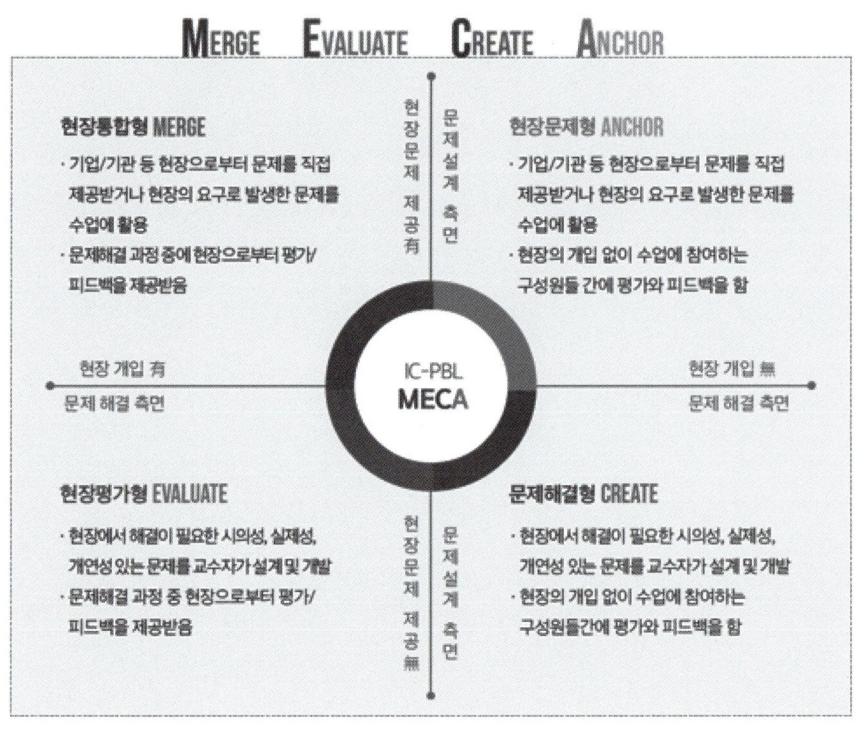

1) IC-PBL 유형 MECA, "IC-PBL 수업 안내서", 이혜정 교수

일반화학실험 교과목에서도 이와 같은 방법을 활용하여 학습을 할 수 있다. 하지만 신입생들에게는 이런 PBL 방식의 수업이 생소할 수 있기 때문에 1학기 교과과정인 '일반화학실험1'에서는 PBL 방식의 수업 방법을 소개하고 연습하는 과정을 편재하고, 이어서 2학기 교과과정인 '일반화학실험2'에서 본격적인 IC-PBL 수업을 진행하도록 설계한다. IC-PBL 실습을 진행하기 위해서는 조원들이 힘을 합쳐 제기된 문제를 해결하기 위해 직접 가설을 세우고, 가설을 검증하기 위한 실험을 설계하고, 이를 수행해서 얻어낸 결과를 분석하게 된다. 이것을 통해 얻어낸 결과를 최종적으로 화학적 이론 내용과 부합하여 평가하는 과정을 통해 하나의 실험을 처음 설계 단계부터 최종적인 결론을 내는 과정까지를 학생들 스스로 자기주도적으로 해결해 가면서 실전 학습을 할 수 있다. 또한 기본적인 일반화학실험 주제 및 실험 스킬을 학습하기 위해 일반화학실험 1학기 및 2학기 과정에 5~6개 주제의 일반화학실험과 IC-PBL 실험을 병행하여 기초 실험 학습내용을 학습하여 IC-PBL에 적용할 수 있는 능력 또한 학습할 수 있도록 한다.

일반화학 IC-PBL 실험 내용

일반화학실험에서는 IC-PBL 수업 형태들 중 문제 해결형(Create)으로 진행한다. 교강사가 문제의 시나리오를 제공하면 학생들은 시나리오에서 자신들이 수행해야 하는 역할을 찾아 수행하면서 문제를 해결한다. 예를 들어 이 교재에서 소개될 '커피 쏟은 사람 누구야?'라는 시나리오를 확인해보자.

여기서는 노트북에 커피를 쏟은 학생을 찾기 위해 이 시료의 커피와 똑같은 커피를 준비된 예시의 커피들 중에서 찾는 분석가의 역할을 진행한다. 여기서 분석가는 과학적 실험 방법을 사용하여 객관적으로 결론을 내여 시료의 커피와 같은 예시의 커피를 찾는 역할이다. 이를 수행하기 위해 학습자들은 팀별로 여러 가지 실험을 설계해야 한다.

설계 가능한 실험을 하나 소개해보자면, 커피 속에 들어 있는 비휘발성 용질의 양을 비교해보는 실험을 할 수 있다. 커피 시료 및 각 예시 커피들을 같은 양을 준비해서 원심분리를 해 보거나, 열을 가하여 용매를 제거해서 증발되지 않고 남은 용질의 질량을 비교해볼 수 있다.

이와 같은 실험을 진행하기 위해서는 다음과 같은 다섯 단계의 과정이 필요하다. 첫째, 가설을 세운다. 위 실험의 가설은 '각 커피들이 가진 비휘발성 용질의 양은 다를 것이다'로 할 수 있다.

둘째, 가설을 세운 후 실험을 위한 화학적 이론을 제시한다. 이 실험에서의 이론으로는 '커피는 뜨거운 물을 사용하여 원두로부터 여러 가지 수용성 용질을 추출해서 만들어진다. 이들 용질들 중 용매인 물 보다 끓는점이 높은 비휘발성 용질이 들어 있을 것이다. 이들을 얻어내기 위해 물의 끓는점까지 가열하여 남은 용질의 양을 질량으로 비교한다'라고 할 수 있다. 여기서 제시하는 이론이 매우 중요하다. 이론의 내용이 결과와 잘 결부되어 실험을 모두 진행 한 후, 얻어진 결과를 분석하기 위한 기준이 되기 때문이다.

셋째로 실험 과정을 설계한다. 실험 과정을 설계할 때는 고려해야 할 내용이 매우 많다. 먼저 학습자가 속한 실험실에서 진행이 가능한 실험인지를 고려해야 한다. 이것은 교강사에게 문의하여 확인을 해 보는 것이 가장 신속하고 정확하게 확인할 수 있다. 학

습자가 실험실습을 진행하기 위해 필요한 장비나 초자들을 하나하나 확인할 수 없기 때문에 실험실 환경을 잘 파악하고 있는 교강사 또는 조교에게 확인을 해보는 것이 좋다. 만일 이를 확인하지 않고 진행하게 되면, 학습자가 실험실습을 위해 설계한 실험 과정에 필요한 장비나 초자가 없어 실습을 진행할 수 없게 된다. 또한 학습자들은 실험 실습의 진행에 사용되는 시약들에 대한 정보도 교강사와 상의하는 것이 필요하다. 황산이나 염산과 같이 위험한 시약을 다룰 때 주의할 부분을 확인하고, 여러 가지 반응성이 큰 시약들을 사용하는 방법을 교강사와 토의 후 진행할 수 있는지의 여부를 확인하는 것도 중요한다. 또한 실험실에 모든 시약이나 초자들을 구비하고 있는 것이 아니기 때문에 학기 초에 공지되는 장비 목록과 초자목록들을 사전에 확인해서 실험을 설계해야 한다.

이런 점들을 모두 고려한 후, 학습자들은 다른 일반적인 실험에서 제공되는 실험 과정처럼 시약의 양을 포함하여 아주 자세하게 실험과정을 설계한다. 이때 조원들과 함께 실험 과정에 대해 상의하고 시뮬레이션(simulation)을 통해 실험실습 진행에서 관찰해야 할 부분과 결과를 얻어내기 위해 중요한 과정을 확인하고, 이때 발생할 수 있는 문제를 찾아 짚어보고 이를 제거할 수 있는 방법을 생각해본다. 이 실험 과정을 잘 설계해야 실험 진행이 원활이 전개되고 학습자가 계획했던 결과를 얻어낼 수 있다.

넷째는 설계된 과정에 필요한 시약, 초자, 장비를 준비해서 조원들과 함께 실험을 안전하게 진행을 한다. 그리고 마지막 다섯째로 얻어진 결과를 분석하여 앞서 세운 가설과 이론적 배경을 통해 최종적인 결론을 도출해낸다. 이와 같은 일련의 과정이 한 개의 실험 모듈(module)이 되고, 여러 개의 실험 모듈을 진행하여 최종적인 결론을 도출하게 된다. 이상의 과정을 조원들과 함께 진행하고 자세히 기록하여 학기 말에 최종적인 포트폴리오를 작성하여 제출하면 IC-PBL 실험 과정이 끝나게 된다.

시나리오 예시1

커피 쏟은 사람, 누구야?

동기들과 공부하기 위해 함께 도서관에 들렀는데, 사람들이 웅성웅성 모여서 이야기를 나누고 있었다. 무슨 일인가 하니 도서관에 있는 공용 노트북에 문제가 생겼다고 한다. 사서의 도움을 받아 노트북을 살펴보니 커피 향기가 났고, 근처 바닥에 커피가 쏟아

져 있었다. 누군가가 커피를 쏟고 당황하여 노트북을 닦다가 도망간 것 같다고 추측을 하였다. 도서관에 CCTV를 확인했더니, 아쉽게도 노트북 사용자를 촬영하도록 설치되어 있지 않았다. 근처 다른 CCTV를 확인해보니 노트북 근처를 오간 사람들 중 3명의 학생이 다른 브랜드의 커피를 들고 있었다. 우리는 노트북 근처에 쏟아져 있는 커피를 수집하고, 3개의 다른 브랜드 커피들과 비교하여 어느 브랜드의 커피인지를 맞혀서 범인을 추측해보자.

시나리오 예시2

최강의 세제를 찾아라!

우리는 매일 음식을 먹고, 이를 먹고 나면 음식을 담았던 그릇들이 싱크대에 남게 되며, 매일 이 설거지를 하기 위해 주방 세제를 사용한다. 마침 집에 주방 세제가 떨어져 마트에 사러 갔는데, 이리도 많은 주방 세제가 있다니! 주방 세제를 만드는 회사도 셀 수 없이 많고, 가격도 천차만별이다. 어떤 세제를 사면 가장 잘 샀다고 소문이 날까 생각하던 중 내가 가장 효율적인 세제를 찾아보면 어떨까 생각했다. 여러 방법을 사용하여 어떤 세제가 설거지를 하는 데 가장 효율적인 세제인지 찾아서 최강의 세제를 제안해보자.

시나리오 예시3

진짜 백금 반지를 찾아라!!!

어느 날 반지 세공일을 하고 있는 친구가 급한 듯 만나자고 연락이 왔다. 카페에 들어서니 구석 자리에 상자를 가지고 난처한 얼굴을 하고 있는 친구가 앉아 있었다. 반갑게 인사를 하는데 친구는 인사를 받는 둥 마는 둥 하며, 만나자고 한 이유를 설명하기 시작했다. 친구가 말하기를 "내가 오늘 여자 친구에게 프러포즈를 준비하고 있는데, 여자 친구는 비싼 반지 같은 거 받는 것을 싫어할 것 같아서 특별한 반지를 만들고 있었어. 그 반지는 우리 회사에서 만드는 일반 스테인레스 반지와 모양은 같지만 내 마음을 담은 백금 반지야. 내가 직접 만들었거든. 근데, 오늘 낮에 마지막으로 점검하다가 잠시 자리를 비운사이에, 동료 직원이 제품인 줄 알고 이 박스에 넣어 버렸지 뭐야. 나, 2시간 후에 여자 친구 만나기로 했는데 이 박스 안에서 내 백금 반지를 찾을 수가 없어. 어떡하지? 도와줘 친구야. 너 화학 전공했잖아!!!"

여러 가지 실험을 통해서는 쉽게 찾을 수 있겠지만, 여기는 카페, 그리고 반지를 찾아내야 할 시간은 2시간. 자 내가 화학을 전공하고 있는 친구다. 카페 안에서 2시간 안에 어떻게 백금 반지를 찾을 수 있을까?

시나리오 예시4

예쁜 돌구슬아~ 너는 대리석이니? 아니니?

초등학교를 다니는 늦둥이 동생이 어느 날 특이하고 예쁜 흰색 돌 구슬 하나를 주워왔다. 동생은 이 구슬이 무엇으로 되어 있는 돌이냐고 내게 물어 보았다. 나는 인터넷을 이리저리 뒤져보고 난 후, 대리석 돌 구슬이라고 알려 주었다. 나도 처음에는 대리석이라고 생각하지 못할 정도로 특이하게 하얀색을 띠고 있는 돌 구슬이었다. 다음 날 학교에서 돌아온 동생의 얼굴은 울상이 되어 있었다. 왜 그러냐고 물으니, 학교에 가서 어제 주운 예쁜 대리석 돌 구슬을 학급 친구들에게 자랑했더니, 아니라고 하며 거짓말쟁이라고 놀렸다고 했다. 대리석은 학교 현관에 있는 회색에 여러 가지 다른 색의 암석이 섞

여 있는 것이지, 동생이 가지고 있는 흰색 돌 구슬은 대리석이 아니라고 했단다. 동생은 내가 대리석이라고 해서 창피를 당했다고, 나에게 모든 책임을 지라고 하며 떼를 부렸다. 나도 흔하게 본 대리석은 아니었지만, 분명 특이한 색인 흰 색의 대리석과 같은 모양을 한 돌 구슬이었다. 어떻게 동생의 억울함을 풀어 줄 수 있을까 고민을 하던 때, 동생이 내게 소리를 질렀다. "대학교에서 과학 공부하는 과학자라며, 어떻게 과학자가 이런 것을 모를 수 있어?" 순간 학습한 일반화학실험을 통해 알아 볼 수 있을 것이란 생각이 들었다. 동생에게 물어 흰 색 돌 구슬이 주운 곳에서 같은 성분의 돌 샘플을 들고 실험실에 갔다. 어떻게 하면 이 돌이 대리석이란 것을 증명할 수 있을까?

IC-PBL 실험 결과 예시 1

팀 활동 보고서

미팅 진행사항	일시		팀 이름	
	참석자			
	본 미팅의 주요활동 및 논의사항	(아래 내용)		

원심분리기

이론

원심분리기는 원심력을 이용하여 성분이 다른 물질들을 분리해주는 기기이다. 혼합물을 원심분리기에 넣고 돌리면 구성하는 물질의 질량에 따라 받는 원심력이 달라져서 그 구성 물질의 질량이 클수록 물질로 가해지는 원심력도 커지기 때문에 바깥쪽으로 침전이 일어난다. 원심력은 물리적으로 물질의 질량 x 원의 반지름 x $(각속도)^2$ 로 정의한다. 시료의 안, 모든 분자의 위치에서 각속도와 원의 반지름의 차이가 반비례하여 서로 상쇄되므로 각 물질의 질량이 원심력을 결정한다. 따라서 질량이 큰 물질일수록 원심력이 커 더 아래로 가라앉는다. 실험에서 커피의 종류의 따라 로스팅의 차이로 인해 유기물질의 함유량이 다를 것이다. 따라서 원심분리법을 활용해 커피를 원심분리하여 분리된 침전물의 부피를 비교해 실험군과 대조군 중 비슷하게 층이 나눠진 것이 우리가 알고 싶은 커피와 같은 종류일 것이다.

참고문헌-고명수 외 5명, 기기분석, 유한문화사, 2010, 81~90쪽

실험과정

먼저, 커피 시료 A, B, C를 각각 초록색, 노란색, 파란색 스티커로 미지시료를 빨간색 스티커로 라벨링했다. 그 후 원심분리기의 전원을 켜고 화면의 책 아이콘을 눌러 실험의 이름과 원심분리기를 얼마큼의 시간동안 몇 rpm으로 실험할지 설정하였다. 설정을 마치면 피펫을 통해 각각의 시료들을 피펫으로 50ml씩 취하여 원심분리기용 용기에 담는다. 마지막으로 용기들을 원심분리기에 대칭이 맞게끔 넣은 다음 원심분리기를 작동한다. 원심분리가 끝난 후 용기들을 관찰한다.

실험결과

A

B

C

미지

결론

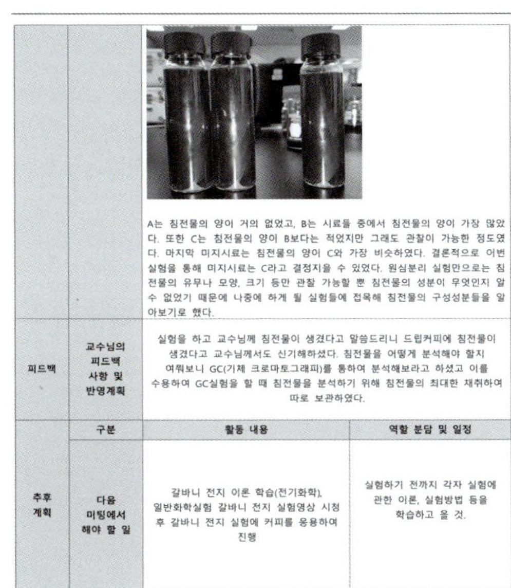
A는 침전물의 양이 거의 없었고, B는 시료들 중에서 침전물의 양이 가장 많았다. 또한 C는 침전물의 양이 B보다는 적었지만 그래도 관찰이 가능한 정도였다. 마지막 미지시료는 침전물의 양이 C와 가장 비슷하였다. 결론적으로 어번 실험을 통해 미지시료는 C라고 결정지을 수 있었다. 원심분리 실험만으로는 침전물의 유무나 모양, 크기 등만 관찰 가능할 뿐 침전물의 성분이 무엇인지 알 수 없었기 때문에 나중에 하게 될 실험들에 접목해 침전물의 구성성분들을 알아보기로 했다.

피드백	교수님의 피드백 사항 및 반영계획	실험을 하고 교수님께 침전물이 생겼다고 말씀드리니 드립커피에 침전물이 생겼다고 교수님께서도 신기해하셨다. 침전물을 어떻게 분석해야 할지 여쭤보니 GC(기체 크로마토그래피)를 통하여 분석해보라고 하셨고 이를 수용하여 GC실험을 할 때 침전물을 분석하기 위해 침전물의 최대한 채취하여 따로 보관하였다.	
추후 계획	구분	활동 내용	역할 분담 및 일정
	다음 미팅에서 해야 할 일	갈바니 전지 이론 학습(전기화학), 일반화학실험 갈바니 전지 실험영상 시청 후 갈바니 전지 실험에 커피를 응용하여 진행	실험하기 전까지 각자 실험에 관한 이론, 실험방법 등을 학습하고 올 것.

IC-PBL 실험 결과 예시 2

팀 활동 보고서

미팅 진행사항	일시		팀 이름	
	참석자			
	본 미팅의 주요활동 및 논의사항	(아래 내용)		

산-염기 적정 실험

이론

적정:특정 화학종의 농도를 결정하기 위해 사용되는 정량분석법의 일종

직접적정(direct titration): 분석물질에 반응이 완결될 때까지 적정시약을 가하는 방법

역적정(back titration):부피가 알려진 첫 번째 표준시약 과량을 가한 다음, 남아있는 표준시약을 두 번째 표준시약으로 적정하는 방법-반응이 느리거나 종말점이 불분명한 경우사용

정량분석: 물질을 구성하는 양적 관계를 명확히 하는 분석법의 총칭

정성분석: 시료가 어떤 성분으로 구성되어 있는지 알아내기 위한 분석법의 총칭

중화적정 공식

중화적정이 되려면 수소이온과 수산화 이온의 수가 일치해야 한다. 따라서 n가 산인 M농도 수용액 V와 n'가 염기인 M'농도 수용액 V'가 중화반응할 때 nMV=n'M'V'이고 이를 노르말 농도로 나타내면 NV=N'V'가 성립한다.

적정의 조건

반응이 정량적이고 역반응이 없어야 한다.

반응속도가 빨라야 한다.

종말점을 확실히 판단할 수 있어야 한다.

당량점과 종말점

당량점: 중화반응을 포함한 모든 적정되는 물질과 적정하는 물질 사이에 양적인 관계를 이론적으로 계산해서 구한 점이다. 적정에서 시료에 대해 화학 양론적으로 당량의 표준시약이 첨가된 점으로, 실험적으로 검출된 종말점과 항상 일치하지 않는다.

종말점: 중화적정에서 표준용액과 분석물질은 수소이온과 수산화 이온이 정확하게 1:1의 몰비로 반응하기 때문에 중화에 사용된 적정액의 양을 당량점이라고 하지만 당량점은 이상적인 값이고 실제로는 몇 가지 방법으로 종말점을 얻는다. 종말점은 당량점을 지나 과량의 지시약이 들어가서 반응해 정확하지 않은 지점이지만 눈으로 확인할 수 있고 오차 범위 내로 당량점과 종말점이 같게 조정할 수 있어 실제로 오차가 거의 없게 된다.

적정오차-종말점과 당량점의 차이이며 종말점 결정방법에 따라 줄일 수 있다.

당량점과 종말점의 차이-당량점과 종말점은 실험값과 이론값의 차이로 두 가지 모두 산-염기 적정시 중화시키기 위해 가한 산 또는 염기의 양을 뜻한다. 종말점은 실험적 오차가 있는 이론차 의 근사값이고 종말점이 당량점에 가까울수록 오차가 적은 실험이다.

종말점 검출방법

종말점 검출방법에는 지시약법, 전위차법, 전도도법, 분광광도법, 비탁법 등이 있다.

침전적정의 종말점 검출법

전위차법: pH meter 등을 사용하여 전위차를 측정

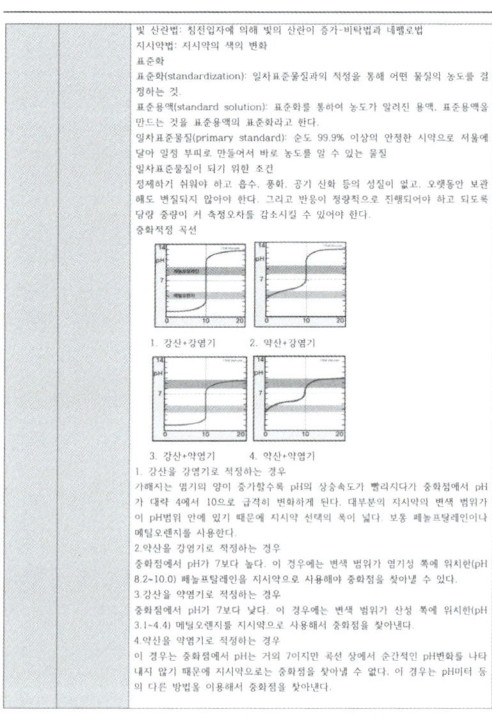

빛 산란법: 침전입자에 의해 빛의 산란이 증가-비탁법과 네펠로법

지시약법: 지시약의 색의 변화

표준화

표준화(standardization): 일차표준물질과의 적정을 통해 어떤 물질의 농도를 결정하는 것.

표준용액(standard solution): 표준화를 통하여 농도가 알려진 용액. 표준용액을 만드는 것을 표준용액의 표준화라고 한다.

일차표준물질(primary standard): 순도 99.9% 이상의 안정한 시약으로 저울에 달아 일정 부피로 만들어서 바로 농도를 알 수 있는 물질

일차표준물질이 되기 위한 조건

정제하기 쉬워야 하고 흡수, 풍화, 공기 산화 등의 성질이 없고, 오랫동안 보관해도 변질되지 않아야 한다. 그리고 반응이 정량적으로 진행되어야 하고 되도록 당량 중량이 커 측정오차를 감소시킬 수 있어야 한다.

중화적정 곡선

1. 강산+강염기 2. 약산+강염기

3. 강산+약염기 4. 약산+약염기

1. 강산을 강염기로 적정하는 경우

가해지는 염기의 양이 증가할수록 pH의 상승속도가 빨라지다가 중화점에서 pH가 대략 4에서 10으로 급격히 변화하게 된다. 대부분의 지시약의 변색 범위가 이 pH범위 안에 있기 때문에 지시약 선택의 폭이 넓다. 보통 페놀프탈레인이나 메틸오렌지를 사용한다.

2.약산을 강염기로 적정하는 경우

중화점에서 pH가 7보다 높다. 이 경우에는 변색 범위가 염기성 쪽에 위치한(pH 8.2~10.0) 페놀프탈레인을 지시약으로 사용해야 중화점을 찾아낼 수 있다.

3.강산을 약염기로 적정하는 경우

중화점에서 pH가 7보다 낮다. 이 경우에는 변색 범위가 산성 쪽에 위치한(pH 3.1~4.4) 메틸오렌지를 지시약으로 사용해서 중화점을 찾아낸다.

4.약산을 약염기로 적정하는 경우

이 경우는 중화점에서 pH는 거의 7이지만 곡선 상에서 순간적인 pH변화를 나타내지 않기 때문에 지시약으로는 중화점을 찾아낼 수 없다. 이 경우는 pH미터 등의 다른 방법을 이용해서 중화점을 찾아낸다.

참고문헌

-최신분석화학/Daniel C. Harris/자유아카데미/2013.02.20./p.209~218

-분석화학/Daniel C · Harris/자유아카데미/2017.02.15/p.201~203

실험과정

커피의 어두운색 때문에 지시약의 색 변화 관찰이 어려울 것 같아 pH미터와 MBL 장치를 활용하여 적정하였다. 커피의 pH측정 실험에서 pH 5의 결과를 얻어 약산이라 판단하고 약산+강염기 적정을 진행하였다.

표준화

- 1M NaOH 용액을 100ml 제조하고 뷰렛에 채운다.
- 표준물질인 1M HCl 용액 5.00ml를 비이커에 취한다.
- 페놀프탈레인 2~3방울을 HCl 용액에 넣은 후, NaOH를 천천히 넣는다.
- 용액이 분홍색을 띨 때 적정을 멈추고 뷰렛의 눈금을 읽은 후 MV=M'V' 식으로 NaOH의 몰농도를 계산한다.

-적정

- NaOH 표준용액을 뷰렛에 채운다
- 커피를 50ml 취해 NaOH를 떨어뜨린다(이 과정에서 pH미터로 pH를 계속 측정한다)

실험결과

A

B

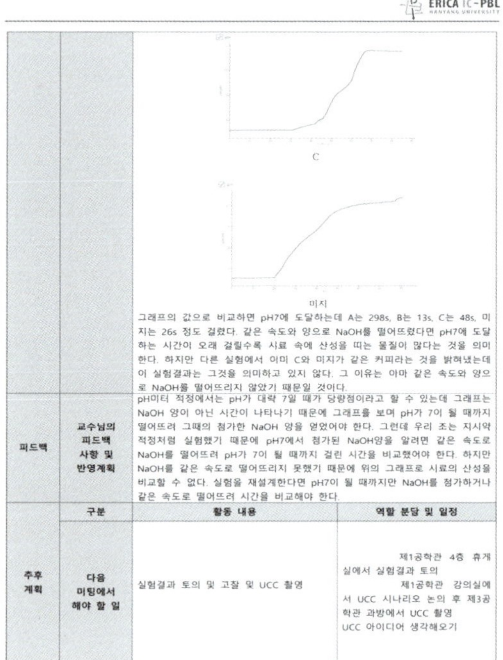

C

미지

그래프의 값으로 비교하면 pH7에 도달하는데 A는 298s, B는 13s, C는 48s, 미지는 26s 정도 걸렸다. 같은 속도와 양으로 NaOH를 떨어뜨렸다면 pH7에 도달하는 시간이 오래 걸릴수록 시료 속에 산성을 띠는 물질이 많다는 것을 의미한다. 하지만 다른 실험에서 이미 C와 미지가 같은 커피라는 것을 밝혀냈는데 이 실험결과는 그것을 의미하고 있지 않다. 그 이유는 아마 같은 속도와 양으로 NaOH를 떨어뜨리지 않았기 때문일 것이다.

피드백	교수님의 피드백 사항 및 반영계획	pH미터 적정에서는 pH가 대략 7일 때가 당량점이라고 할 수 있는데 그래프는 NaOH 양이 아닌 시간이 나타나기 때문에 그래프를 보며 pH가 7이 될 때까지 떨어뜨려 그때의 첨가한 NaOH 양을 얻었어야 한다. 그런데 우리 조는 지시약 적정처럼 실험했기 때문에 pH7에서 첨가된 NaOH양을 알려면 같은 속도로 NaOH를 떨어뜨려 pH가 7이 될 때까지 걸린 시간을 비교했어야 한다. 하지만 NaOH를 같은 속도로 떨어뜨리지 못했기 때문에 위의 그래프로 시료의 산성을 비교할 수 없다. 실험을 재설계한다면 pH7이 될 때까지만 NaOH를 첨가하거나 같은 속도로 떨어뜨려 시간을 비교해야 한다.	
추후 계획	구분	활동 내용	역할 분담 및 일정
	다음 미팅에서 해야 할 일	실험결과 토의 및 고찰 및 UCC 촬영	제1공학관 4층 휴게실에서 실험결과 토의 제1공학관 강의실에서 UCC 시나리오 논의 후 제3공학관 과방에서 UCC 촬영 UCC 아이디어 생각해오기

일반화학실험 1학기 과정

IC-PBL을 위한 일반화학실험

실험 01 유리 세공(Glass Working)

유리관은 많은 화학실험에서 여러 종류의 장치들을 서로 연결하거나 또는 여러 다른 목적을 위해 흔히 사용하는 실험도구이다. 용도에 따라 여러 가지의 재질 및 두께를 가진 유리관들이 있는데, 이와 같이 다양한 유리관들 중 연질의 직경이 얇은 유리관을 사용하여 기초적이고 비교적 간단한 유리 세공을 해보자. 이번 실험에서는 유리관을 자르고, 다듬고, 늘여보고, 구부려보는 과정을 실습할 것이다. 유리세공 실습을 하려면 반드시 고무가 없는 목장갑을 착용하고서 실험을 진행해야 한다. 유리관을 늘이거나 구부릴 때는 분젠(Bunsen) 버너를 사용해 350℃ 이상의 강한 불꽃을 사용하므로 손에 화상을 입지 않도록 조심해야 한다. 특히 짧은 유리관을 손으로 잡은 상태에서 열을 가하지 않도록 주의하자.

1. 유리관 자르기

실험대 위에 유리관을 놓고 삼각줄의 모서리를 적신 다음, 유리관을 가로질러 아주 깊게 긁어서 흠집을 낸다. 양손으로 유리관을 잡고 유리관에 낸 흠집의 반대쪽에 양손의 두 엄지손가락을 0.5~1.0cm 간격을 두고 잡는다. 두 엄지손가락 쪽으로 압력을 가해 누르고, 남은 양손의 네 개 손가락들을 이용해 유리관을 잡는다. 'V'자 모양의 뾰족한 부분이 자신의 반대 방향으로 향하도록 한 뒤 유리관에 힘을 주어 자른다. 이때 유리관의 절단면이 매끄럽게 잘리지 않았다면, 삼각줄로 흠집을 충분히 내지 않았기 때문이다. 이런 경우에는 절단면이 뾰족하고 날카롭게 깨져 손을 다칠 수 있으니 삼각줄을 사용하여 흠집을 충분히 내야 한다. 흠집을 충분하게 내면 유리관에 큰 힘을 가하지 않고도 쉽게 자를 수 있다.

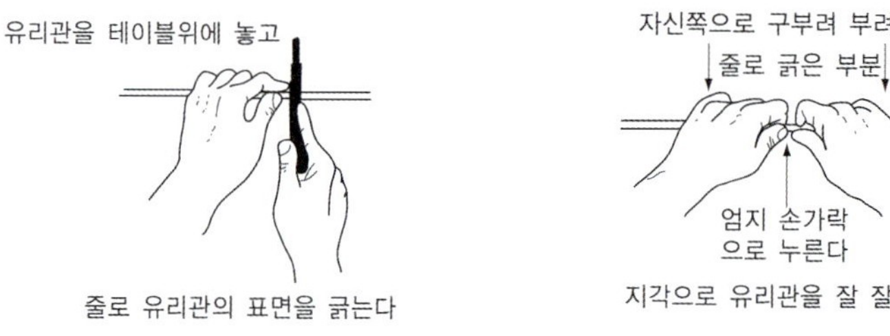

그림 1-1 | 유리세공 1

2. 유리관 다듬기

자른 유리관의 끝은 매우 날카롭다. 따라서 안전하게 사용하려면 유리관을 자른 후 반드시 유리관의 끝을 불 다듬질을 해야 한다. 자른 유리관의 날카로운 끝을 분젠 버너의 겉불꽃과 속불꽃의 경계(분젠 버너의 불꽃 중 겉불꽃과 속불꽃 사이의 경계가 가장 온도가 높다)에 넣어 유리관을 돌려가며 가열한다. 유리관 끝의 날카로운 모서리가 살짝 무디게 되자마자 불꽃에서 유리관을 뺀다. 유리관을 너무 오래 가열하면 유리관의 끝이 밀봉될 수 있으니 주의한다.

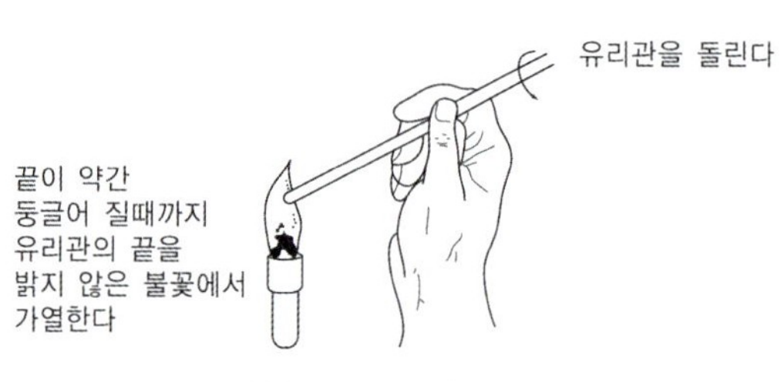

그림 1-2 | 유리세공 2

3. 유리관 늘이기

대략 25cm 길이로 유리관을 자르고 다듬질을 한다. 엄지손가락과 다른 손가락 사이로 가볍게 유리관을 잡고 왼손의 마디는 위로하고 오른손의 마디는 아래로 향하게 잡는다. 유리관을 분젠 버너의 가장 온도가 높은 부분에 수평이 되도록 하고, 엄지손가락과 그 외의 손가락으로 유리관을 앞뒤 방향으로 돌려주면서 천천히 가열한다. 불꽃 안의 유리관이 녹아 잡고 있는 한쪽의 손을 놓았을 때 아래쪽으로 떨어질 때까지 충분히 가열한다. 유리관을 회전시키며 충분히 가열했다면, 유리관을 불꽃 밖으로 꺼내어 빠르게 양쪽으로 잡아당긴다. 늘어나는 유리관의 직경이 약 1.0mm 정도가 될 때까지 늘인다.

이때 유리관을 불꽃 속에서 잡아당기면, 유리관의 늘어나는 부분이 뜨거운 불꽃에 의해 끊어지면서 끝이 밀봉된다. 또한 유리관을 너무 많이 늘이면 늘어난 유리관의 직경이 너무 작아서 끊어질 수 있다. 이렇게 되지 않도록 주의하면서 실험실습을 진행한다.

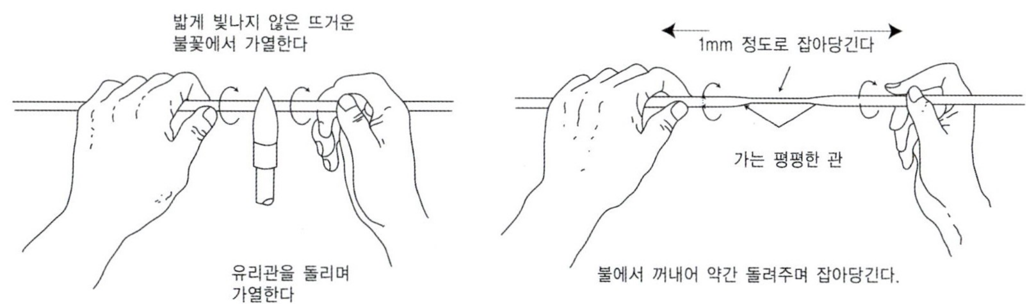

그림 1-3 | 유리세공 3

4. 유리관 봉하기

앞에서 설명한 것과 마찬가지로 유리관을 늘이되, 이 경우에는 유리관이 끊어지도록 불꽃 속에서 잡아당긴다. 두 개로 잘린 유리관들 중 하나의 끝을 불꽃의 가장 온도가 높은 부분에 넣어 가열한다. 그 후 유리관 끝의 유리 방울을 제거하기 위해 다른 한쪽의 유리관을 가열하여 밀봉하려는 유리관 끝에 접촉시킨다. 유리관 끝이 서로 녹아 붙게 될 때 유리 방울을 제거한다.

그림 1-4 | 유리세공 4

5. 유리관 구부리기

분젠 버너에 불꽃 분산기를 장치하고 공기 흡입구를 닫고 불을 붙인다. 불꽃의 높이가 약 5cm 정도의 높이가 되도록 기체의 양을 조절한다. 그리고 밝은 불꽃이 사라지는 순간 두개의 푸른 불꽃이 나타나도록 공기 흡입구출 조절한다. 유리관을 불꽃의 상단에

가로 방향으로 갖다 대고 가열하는데, 이때 일정하게 열이 가해지도록 천천히 주의 깊게 돌려준다. 유리관이 쉽게 구부러질 수 있을 만큼 물렁물렁해졌을 경우 불꽃으로부터 유리관을 꺼내 가열판 위에 올려놓고 원하는 각도만큼 구부리고 서서히 식힌다. 구부린 관을 원하는 길이만큼 자르고 그 끝을 불 다듬질한다.

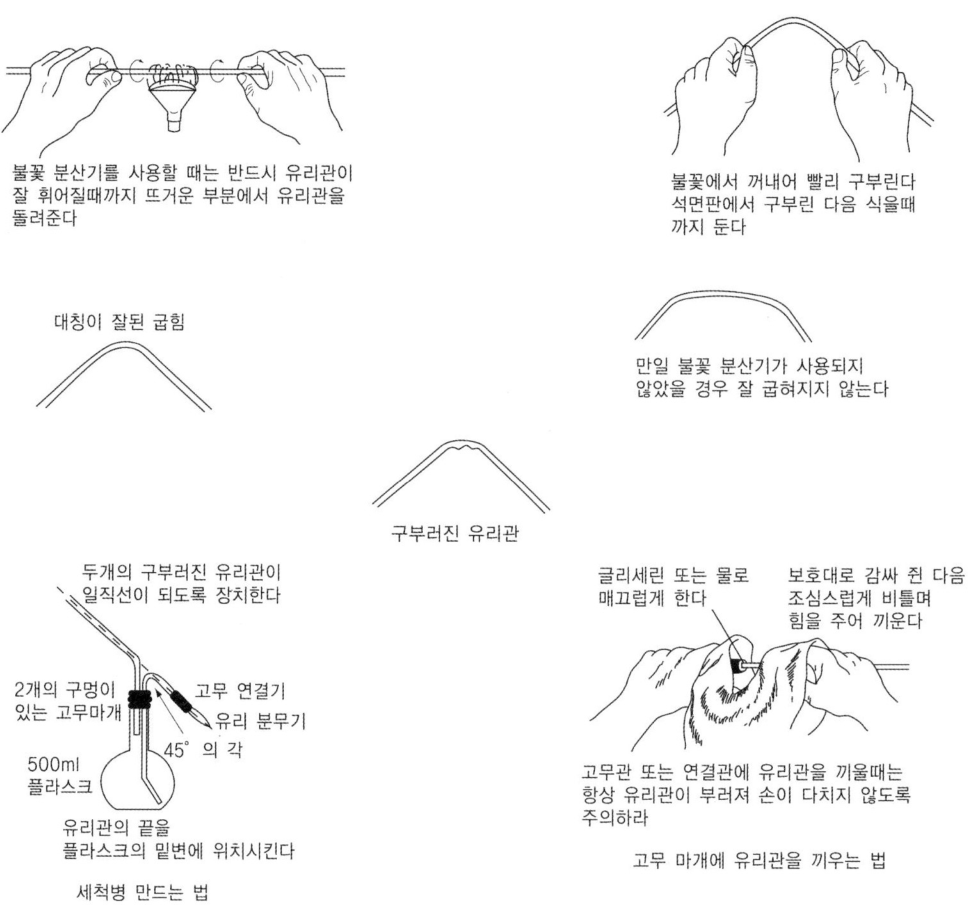

그림 1-5 | 유리세공 5

구부린 유리관을 이용해서 간단한 세척병을 만들 수 있다. 그림에 나타낸 세척병을 만들기 위해서는 유리관을 구부리고, 분출관을 만들고, 그 끝을 다듬질한다. 세척병을 만들 때 고무마개에 구멍을 만들고 유리관을 끼워 넣어야 하는데, 유리관을 끼우기 전에 윤활 작용을 할 수 있는 물(글리세린이 더 좋음)을 바르고 주의해서 끼우도록 한다. 헝겊이나 타월로 손을 감싸고 주입시킬 유리관 끝을 고무마개에 접촉시킨다. 헝겊은 손

을 보호해주고 유리관이 깨지는 것을 막아 준다. 이때 너무 지나치게 유리관에 힘을 주어 끼워 넣으려 하지 말고, 조심스럽게 천천히 회전시키면서 끼워 넣는다. 다 만들어진 세척병에 증류수를 채우고 배수구에 분출관을 향하게 한 다음, 위쪽으로 향한 유리관에 고무 벌브를 연결하여 공기를 불어넣는다. 반대쪽으로 분사되는 가느다란 물줄기는 소량의 물질을 세척하는 데 매우 유용하다.

실험 02 밀도(Density)

이론 및 배경

어떤 질량을 가진 물질은 일정한 공간을 차지하는 성질이 있기 때문에, 일정한 부피 중에 해당하는 질량을 이용하여 물질을 비교 구분하는 것이 가능하다. 밀도(d)는 단위 부피당 질량으로 정의되고, 물질의 부피(V)와 질량(m)을 측정하여, 질량을 부피로 나눔으로써(d=m/V) 구할 수 있다. 일반적으로 질량의 단위는 g(그램)을 사용하고 부피의 단위는 cm^3을 사용하므로 밀도는 보편적으로 g/cm^3의 단위를 가진다. 여기에서 $1cm^3$는 1mL 혹은 1cc와 같은 의미를 갖는다. 밀도는 물질 고유의 특징에 해당하지만, 온도에 따라서 변하므로 밀도를 측정할 때에는 반드시 시료의 온도를 측정해야 한다. 밀도를 알고 있는 시료의 경우에 질량을 측정하여 부피로 환산할 수 있고, 또는 부피를 측정하여 질량으로 환산할 수 있다.

용액의 부피는 보통 눈금실린더(graduated cylinder)라고 불리는 검정된 용기를 사용하여 측정한다. 액체의 부피는 실린더 속에 액체 시료를 넣은 다음 액체 표면의 위치를 관찰하여 측정한다. 물과 같은 몇몇 액체는 실린더에 넣었을 때 평평한 표면을 형성하지 않고, 대신 메니스커스(meniscus)라고 불리는 오목한 표면 형태를 나타낸다. 메니스커스 때문에 눈금실린더는 메니스커스의 가장 낮은 부분을 관찰하여 읽었을 때 액체의 부피를 알 수 있도록 눈금이 보정되어 있다.

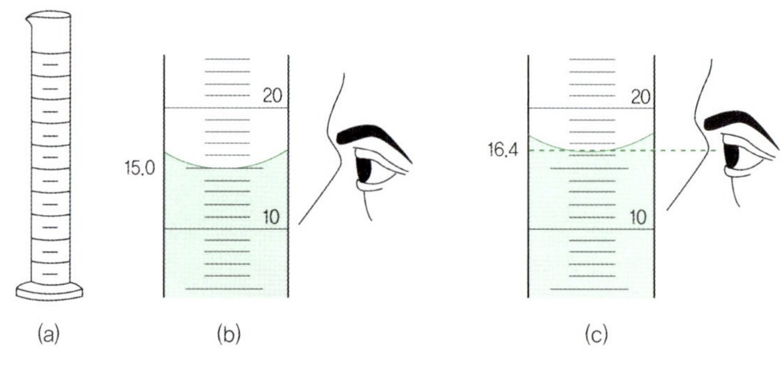

그림 2-1 | 메니스커스와 눈의 위치

그림 2-1(b)에서 메니스커스의 위치는 15mL 눈금에 일치한다. 그러나 그림 2-1(c)에서는 메니스커스 위치가 어떠한 특정한 눈금에 일치하지 않고 눈금 사이에 있다. 이러한 경우에 메니스커스 위치는 측정에서 매우 중요한 방법인 내연장법(interpolation)에 의하여 결정한다. 내연장법은 메니스커스를 사이에 둔 두 눈금을 눈대중으로 10등분하여 메니스커스의 위치를 결정하는 방법을 말한다. 그림에서 메니스커스는 16.4mL 위치에 있음을 나타낸다. 이 내연장법은 부피 측정에 있어서 매우 중요하다. 내연장법에 의해 읽을 수 있는 유효숫자의 개수는 부피를 측정하는 기구를 어떻게 검정했느냐에 따라 달라진다.

표준 물질의 밀도와 다른 물질의 밀도와의 비를 비중(Specific gravity)이라고 한다. 일반적으로 액체 혹은 고체 물질의 경우에 4℃ 물의 밀도인 $1 g/cm^3$ 값을 기준으로 하여 물질의 비중을 결정한다.

기체의 밀도는 온도와 압력에 따라서 큰 차이를 나타내기 때문에 표준온도압력(STP) 조건인 0℃, 1atm에서의 값을 기준으로 하여 결정한다.

시약 및 실험기구

10mL Graduated cylinder, 증류수, 미지액체, 알루미늄 Foil, Weighing paper, 동전, 전자저울, Thermometer, 커터 칼, 커팅 매트, 버니어캘리퍼스(vernier calipers)

실험 방법

가. 물의 밀도

1. 깨끗한 10mL 눈금실린더를 건조한 후 질량을 측정한다.
2. 위의 눈금실린더에 증류수를 7~8mL 사이 임의의 양을 넣고, 이 증류수의 부피를 0.01mL 자리까지 측정한다.
3. 위의 증류수가 들어있는 눈금실린더의 질량을 측정하여 물의 질량을 계산하고, 증류수의 측정한 부피와 질량을 이용하여 밀도를 계산한다.
4. 위의 눈금실린더에 약 1mL의 증류수를 더 넣고 증류수의 밀도를 반복하여 측정한다.
5. 구해진 밀도들의 평균값을 구한다.

나. 미지액체의 밀도

1. 깨끗한 10mL 눈금실린더를 건조한 후 질량을 측정한다.
2. 눈금실린더에 미지액체를 7~8mL 사이 임의의 양을 넣고, 이 미지액체의 부피를 0.01mL 자리까지 측정한다.
3. 위의 미지액체가 들어있는 눈금실린더의 질량을 측정하여 미지액체의 질량을 계산하고, 미지액체의 측정한 부피와 질량을 이용하여 밀도를 계산한다.
4. 위의 눈금실린더에 약 1mL의 미지액체를 더 넣고 증류수의 밀도를 반복하여 측정한다.
5. 구해진 밀도들의 평균값을 구한다.

다. 금속 Foil의 두께

1. 알루미늄 Foil을 가로와 세로의 길이가 각각 10～15cm정도인 사각형으로 자른다.
2. 손의 기름때를 제거하기 위해서 휴지로 Foil을 닦는다.
3. 조심스럽게 Foil을 접어서 저울의 판보다 작은 크기로 만든 후 질량을 잰다.
4. 아래 식을 이용하여 금속 Foil의 두께를 계산한다(알루미늄의 밀도=2.70g/cm^3).
5. 위의 과정을 반복해 한 번 더 측정한다.

라. 동전의 두께

1. 동전의 지름(2r)을 버니어켈리퍼스를 이용하여 측정한다.
2. 위 동전의 질량을 측정한 후 동전의 밀도를 이용하여 부피를 계산한다(실험에 사용하는 동전은 10원짜리 구권이다. 이 동전의 밀도를 찾아온다).
3. 위에서 측정된 값들을 이용하여 동전의 두께를 계산한다.
4. 위의 과정을 반복해 한 번 더 측정한다.

주의 사항

1. 밀도는 온도에 따라서 변하므로 측정할 때, 시료의 온도를 측정하여 기록한다.
2. 온도계나 눈금실린더의 위쪽 부분을 잡아야 온도 변화에 따른 오차를 줄일 수 있다.
3. Graduated cylinder에 물을 넣을 때 세척병을 기울여 넣고, 물의 부피에 포함되지 않고 질량에만 포함될 수 있는 물이 Graduated cylinder 벽에 묻지 않도록 조심한다.

화학실험 보고서

가. 물의 밀도

	1차 측정	2차 측정
실린더의 질량 (g)		
(실린더+물)의 질량 (g)		
물의 질량 (g)		
물의 부피 (cm^3)		
물의 밀도 (g/cm^3)		
물의 평균밀도 (g/cm^3)		

나. 미지액체의 밀도

	1차 측정	2차 측정
실린더의 질량 (g)		
(실린더+미지액체)의 질량 (g)		
미지액체의 질량 (g)		
미지액체의 부피 (cm^3)		
미지액체의 밀도 (g/cm^3)		
미지액체의 평균밀도 (g/cm^3)		

다. 금속 Foil의 두께

	1차 측정	2차 측정
Foil의 질량 (g)		
Foil의 면적 (cm^2)		
Foil의 부피 (cm^3)		
Foil의 두께 (mm)		
Foil의 평균 두께 (mm)		

라. 동전의 두께

	1차 측정	2차 측정
동전의 지름 (cm)		
동전의 질량 (g)		
동전의 부피 (cm^3)		
동전의 두께 (cm)		
동전의 평균 두께 (cm)		

실험 03 순수한 물질과 혼합물의 녹는점

이론 및 배경

순수한 물질의 녹는점은 그 물질의 고유한 성질 중의 하나이다. 녹는 것(melting)은 결정격자내의 규칙적인 입자의 배열상태가 깨지는 현상을 뜻하며 고체상에서 액체상으로 변하는 과정을 뜻한다. 녹는점(melting point, m.p.)이란 고체 상태와 액체 상태가 서로 평형을 이루어 공존하는 상태로써, 고체 시료가 액체 상태로 변하기 시작한 온도부터 모든 고체 시료가 완전히 액체 상태로 변한 온도의 범위로 나타낸다.

녹는점은 London 분산력, 쌍극자-쌍극자 힘, 수소 결합 등 분자 간에 작용하는 힘에 영향을 받는다. 분자량이 커서 분산력이 강하거나, 쌍극자들 사이에 정전기적인 인력이 존재하고, 수소 결합이 존재하는 분자들은 녹는점이 높다는 것을 알 수 있다.

녹는점 범위는 시료의 순도, 시료 결정의 크기, 시료를 가열하는 속도, 시료의 양에 의한 영향을 받는다. 즉, 순물질이고, 결정의 크기가 작고 일정하고, 가열속도를 천천히 하고, 적당한 양의 시료를 취해 녹는점을 측정하게 되면 비교적 좁은 범위의 녹는점을 정확하게 측정할 수 있다. 따라서 순수한 물질이 나타내는 녹는점의 범위는 0.5~1.0℃ 정도의 작은 범위를 가진다. 과냉각 상태가 아닌 평형 조건하에서 순수한 고체의 녹는점은 녹은 물질의 어는점과 같다.

두 개 또는 그 이상의 화합물로 구성된 혼합물의 녹는점은 각 성분 화합물의 상대적 조성에 따라 달라진다. 따라서 90% 나프탈렌(Naphthalene)과 10%의 바이페닐(Biphenyl)로 구성된 혼합물의 녹는점은 50%의 나프탈렌과 50%의 바이페닐로 구성된 혼합물의 녹는점과는 다르다. 그리고 혼합물의 경우는 조성에 따라서 녹는점의 범위가 순물질 보다는 큰 범위를 가지게 된다.

일반적으로 두 순물질의 혼합물은 순물질보다 더 낮은 온도에서 녹는다. 이를 공융 현상이라고 하고, 이런 현상이 나타나게 되는 이유는 여러 가지가 있다. 그 중 하나는 혼합된 물질들의 구조적 차이가 될 수 있고, 또 하나는 혼합물 사이에 가지게 되는 분자 간 인력이 순물질과 달라지기 때문이다.

이 실험에서는 표 3-1에 실린 물질 중에서 순물질 두 가지와, 이 두 가지 순물질로 이루어진, 조성이 다른 혼합물의 녹는점을 측정해본다.

표 3-1 | 여러 고체 화합물의 녹는점 범위

화합물	녹는점 범위(℃)	화합물	녹는점 범위(℃)
3,4-Dichlorobenzoic acid	201 ~ 202	Acetanilide	113 ~ 114
Succinic acid	186 ~ 188	N,N-diphenylacetamide	99 ~ 100
Camphor	173 ~ 174	Acenaphthene	93 ~ 94
p-Tertiarybutylbenzoic acid	165 ~ 167	Acetoacetanilide	84 ~ 85
Adipic acid	151 ~ 153	Naphthalene	79 ~ 80
Dimethylterephthalate	140 ~ 142	Biphenyl	69 ~ 70
Phthalic anhydride	131 ~ 132	*p*-Bromochlorobenzene	65 ~ 67
Benzoic acid	123 ~ 125	*p*-Dichlorobenzene	53 ~ 54

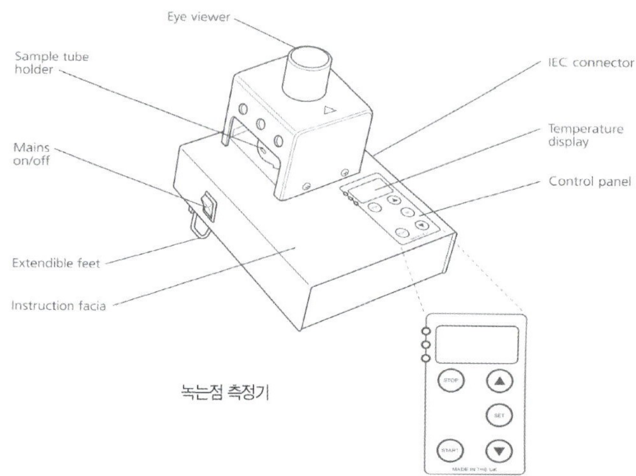

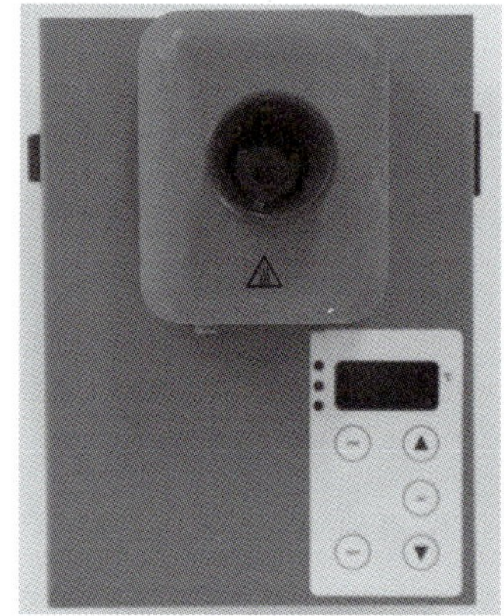

그림 3-1 | 녹는점 측정기

물질의 녹는점은 녹는점 측정기를 사용하여 측정한다. 녹는점 측정기의 원리는 간단하다. 한 쪽 끝이 막힌 capillary tube(모세관)에 고체 시료를 넣고, 이 모세관을 녹는점 측정기의 sample tube holder에 넣는다. 이때 Eye viewer를 보면서 capillary tube에 넣은 고체 시료가 가열판의 위에 올라오는지 확인하면서 넣는다. 측정기의 Control panel을 조작하여 가열을 시작하고 Eye viewer를 보면서 고체 시료가 녹기 시작하는

온도와 다 녹게 된 온도를 Control panel에서 읽어 기록하면 된다.

시약 및 실험기구

나프탈렌(Naphthalene), 바이페닐(Biphenyl), 혼합 시료, 녹는점 측정기, glass capillary tube(녹는점 측정용), 긴 유리관

실험 방법

가. 순물질과 혼합물의 녹는점 측정

1. 깨끗한 weighing paper를 대각선으로 반을 접었다 편 후에 spatula의 작은 부분으로 약간의 시료를 덜어 weighing paper 가운데에 놓는다. weighing paper를 다시 접고 고체 시료가 있는 부분을 spatula의 둥근 부분을 사용하여 눌러 조심스럽게 부순다. 부서진 결정 고체 가루를 glass capillary tube의 막히지 않은 쪽으로 콩콩 찍어서 고체 시료를 glass capillary tube 속에 5mm 정도 넣는다. 긴 유리관을 세워서 위쪽에 glass capillary tube의 막힌 부분이 아래쪽으로 향하게 하여 떨어뜨린다. 이 과정을 packing이라 하고 15~20회 정도 해서 고체 시료가 막힌 부분으로 이동하여 3mm 정도가 되도록 한다. 순물질(나프탈렌과 바이페닐)과 혼합 시료(조성이 다른 시료 2~3개) 각각에 대하여 위 과정을 통해 glass capillary tube를 준비한다.
2. sample tube holder에 모세관을 끼운다(한 번에 최대 4개의 glass capillary tube를 넣을 수 있기 때문에 혼합 시료를 먼저 넣고 남으면 순물질을 넣는다).
3. 녹는점을 측정한다. 정확한 녹는 온도를 알기 위해서 가열판이 1분당 2.0℃ 이상 변하지 않도록 해야 한다. 실험실에서 사용하는 녹는점 측정기는 온도가 30초당 1℃씩 상승하도록 설계되어 있다. 녹는점 측정기가 시료에 열을 가열하는 동안에는 시료의 상태와 Control panel의 온도를 둘 다 면밀히 관찰해야 한다. 녹는점에서 모세관 내의 시료(고체)가 점차로 액체 상태로 변하는 것을 보게 될 것이다. 액화가 시작되는 온도와 고체가 완전히 녹았을 때의 온도를 기록한다. 이 두 온도 사이를 녹는점 범위라고 한다.

참고: 녹는점 측정기 설정 방법

녹는점 측정기의 전원을 연결하고 Main 스위치를 On 상태로 하면, Control panel에 가열판의 현재 온도가 표시된다. 본 실험에서 사용하는 고체 시료는 나프탈렌과 바이페닐의 혼합물이기 때문에 35℃까지는 빠르게 가열하고 그 이후에는 1분에 2℃씩 증가시키면 된다. 이를 위해서 Control panel의 Set 버튼을 누른 상태에서 위쪽 삼각형 버튼을 눌러 35℃를 맞춘 후 Set 버튼을 뗀다. 그리고 Start 버튼을 한 번 누르면 35℃까지 가열판의 온도가 빠르게 상승하여 온도 평형을 이룬다. Sample tube holder에 tube를 넣고 다시 Start 버튼을 누르면 가열판의 온도가 1분에 2℃씩 증가하게 된다. 시료가 다 녹은 것이 확인되면 Stop 버튼을 눌러 가열을 멈춘다.

나. 용융 그래프 그리기

1. 가로축은 혼합물의 조성, 세로축은 녹는점 범위로 하여 그래프를 그려본다. 이때 가로축은 혼합한 화합물들의 몰분율을 결정하여 표시한다. 세로축은 I 형태의 녹는점 범위로 표시한다.
2. 각 혼합물들의 녹는점 범위의 중간점을 이어서 용융 그래프를 완성한다.
3. 나프탈렌과 바이페닐의 공융 그래프를 찾아서 비교해본다.

추가실험

두 물질의 혼합물의 녹는점과 혼합물의 % 조성 사이의 관계를 결정할 수 있도록 실험을 고안하여 실시한다. 예로서 acenaphthene과 biphenyl의 혼합물의 조성과 녹는점을 plot하여 상변화 그림을 그린다.

주의 사항

1. 모세관에 넣을 시료는 곱게 분쇄한다.
2. 시료를 모세관에 넣을 때 너무 많거나 적지 않게 하고, packing을 잘 한다.
3. 녹는점 측정기 사용에 대한 지식을 습득한다.

화학실험 보고서

가. 순수한 물질인 나프탈렌과 바이페닐의 녹는점을 관찰하여 기록하고, 혼합물들의 녹는점을 조성에 따라 기록한다. 이 결과들을 간단한 표로 작성한다.

나. 위의 결과들을 그래프로 그리고 참고문헌을 통해 알아낸 나프탈렌과 바이페닐의 공융 곡선과 비교한다.

실험 04 혼합물의 % 조성 결정

이론 및 배경

물질을 분석하는 방법을 크게 두 가지로 정성 분석과 정량 분석으로 나눌 수 있다. 정성 분석은 시료 속에 함유되어 있는 미지성분의 종류나 성질을 알아보기 위한 분석법으로, Gas Chromatography(GC), Liquid Chromatography(LC) 등의 분석법과, Infra-Red Spectroscopy(IR), Ultra-violet & Visible Spectrocopy(UV) 등의 분광기기를 이용하거나, 화학 반응을 통한 침전 확인, 색변화 관찰 등 다양한 방법이 있다.

정량 분석은 시료 속에 포함된 미지 성분의 양을 구하기 위한 분석법으로, 중량분석, 용량분석, 비색분석 등이 있다.

이번 실험에서는 중량분석을 이용한다. $BaCl_2 \cdot 2H_2O$를 미지 혼합물로 고려하여 조성을 결정한다. 위의 시료를 가열하여 물을 제거한 후, 질량 차이를 이용하여 먼저 물의 함량 %를 결정하고, 그 다음 무수물의 $BaCl_2$를 물에 녹이고, 이 용액을 황산(H_2SO_4)과 반응시켜 불용성의 황산 바륨($BaSO_4$)을 침전시킨다. 이 용액 속의 침전물을 거른 후 무게를 측정하여 Ba^{2+}의 % 조성을 결정한다.

$$Ba^{2+}(aq) + SO_4^{2-}(aq) \rightarrow BaSO_4(s)$$

시약 및 실험기구

$BaCl_2 \cdot 2H_2O$(미지 혼합물), 진한 염산, 3M H_2SO_4, 여과지, 드라이어, Crucible with Stopper, 삼발이, pipestem triangle, 250mL beaker, 400mL beaker, watch glass, 250mL Erlenmeyer flask, Buchner funnel, filter flask, glass funnel, 교반기, 마그네틱 바(magnetic bar), 마그네틱 바 캡처(magnetic bar capture)

실험 방법

가. 혼합물의 질량 측정

1. 도가니(crucible)와 그 뚜껑을 완전히 씻어서 건조시킨다. 좀 더 철저히 말리기 위해서 고리 스탠드에 설치된 삼각석쇠(pipestem triangle)에 도가니를 걸쳐놓고 버너 불꽃으로 가열하고, 도가니 뚜껑을 그림과 같이 살짝 열어놓는다(그림 4-1). 가열한 도가니와 뚜껑은 실온까지 식히고 분석용 저울(analytical balance)을 사용하여 질량을 측정한다.
2. 미지시료를 대략 2g정도 칭량하여 깨끗하게 건조된 도가니 속에 넣은 후 뚜껑과 함께 분석용 저울을 사용하여 정확하게 무게를 잰다.

나. 물의 함량 결정

1. 고리 스탠드(ring stand) 위에 장치된 삼각석쇠 위에 시료가 담긴 도가니를 올려놓고 이 도가니가 분젠 버너 위쪽 꼭대기에서 약 10cm 높이에 오도록 고리의 높이를 조정한다. 도가니 뚜껑을 비스듬히 한쪽으로 기울어지게 덮어 놓아서 수증기가 날아갈 수 있도록 한다(그림 4-1). 이 상태에서 도가니를 약 10분 동안 가열한다.
2. 도가니의 밑바닥에 밝고 푸른빛이 나는 불꽃이 닿도록 하여 약 3분 동안 높은 온도에서 가열한 후 도가니를 실온으로 될 때까지 식힌다.
3. 도가니가 실온까지 식으면 이것을 분석용 저울을 사용하여 무게를 잰다.
4. 다시 이 시료를 3분간 가열하고 위와 같은 방법을 사용하여 무게를 잰다. 이러한 과정을 더 이상의 무게 감소가 없을 때까지 계속해야 한다.
5. 시료 속 물의 질량과 % 조성을 계산한다.

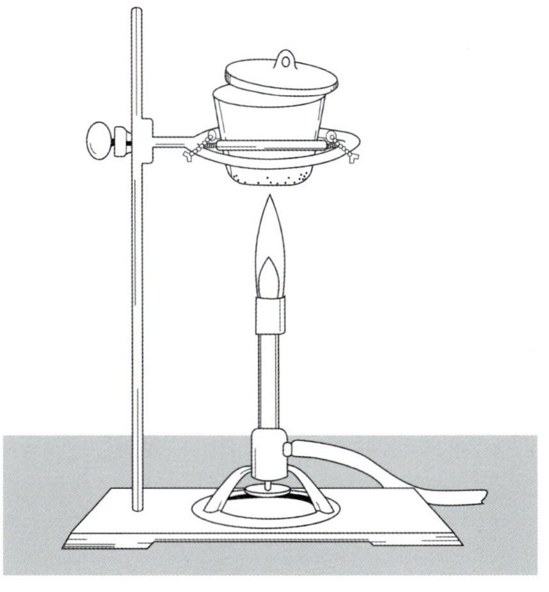

그림 4-1 | 가열

다. Ba^{2+}의 함량 결정

1. 250mL 비커를 잘 씻고 증류수로 헹군 후 증류수를 150mL 정도 넣는다. 실온인 탈수된 미지시료가 포함된 도가니의 외부를 실험용 휴지를 사용하여 잘 닦아내고, 그대로 비커 속에 도가니, 뚜껑, 그리고 시료를 모두 집어넣는다.
2. 도가니 집게 끝을 잘 씻어서 비커로부터 도가니와 뚜껑을 끄집어내는 데 이용한다. 끄집어 낸 도가니와 뚜껑 벽에 붙어 있는 용액을 증류수로 잘 씻어 비커 속에 헹구어 넣는다. 시료가 모두 다 녹을 때까지 마그네틱 바를 넣고 교반한다.
3. 1mL의 진한 HCl 용액을 넣는다.
4. 끓을 정도까지 용액을 가열한다.
5. 눈금실린더를 사용하여 3*M* H_2SO_4 수용액 8mL를 취하여 잘 저으면서 용액에 한꺼번에 붓는다. 곧바로 흰 침전($BaSO_4$)이 생긴다. 이를 깨끗한 spatula를 이용하여 휘저은 다음 테이블에 올려놓고 20초 동안 얼마나 침전물이 가라앉는지 관찰한다.

$$BaCl_2\ (aq) + H_2SO_4\ (aq) \rightarrow BaSO_4\ (s) + 2HCl\ (aq)$$

6. 비커를 watch glass로 덮고 침전물이 생긴 용액을 약 10분 동안 끓는점 부근까지 가열한다.
7. 불을 끄고 침전물이 포함된 용액을 얼음물에 넣어 급랭시킨다. 차갑게 식은 비커를 꺼내 깨끗한 spatula를 이용하여 휘저은 다음 20초 동안 얼마나 침전물이 가라앉는지 관찰한다. 5번 과정의 관찰과 비교한다.
8. 여과지를 그림 4-2에 나타낸 것처럼 접어서, 깨끗하고 건조된 watch glass 위에 놓고 분석용 저울을 사용하여 정확하게 무게를 잰다.

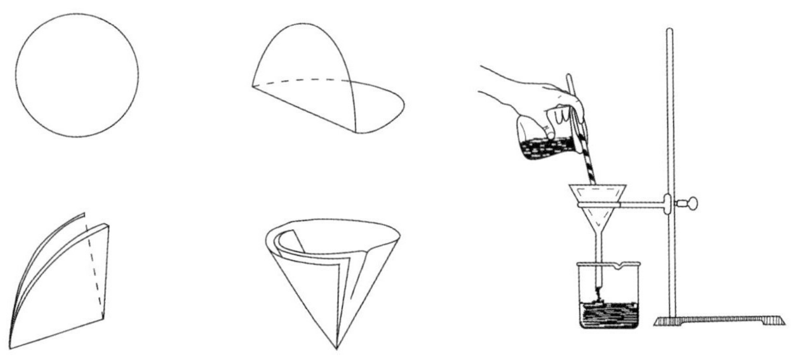

그림 4-2 | 여과

9. Glass funnel(유리 깔때기) 속에 접은 여과지를 끼운다(그림 4-2). $BaSO_4$ 침전물을 중력을 이용하여 여과하고, 또 다른 깨끗한 400mL 비커에 여과액을 받도록 한다. 용액이 튀지 않도록 하기 위하여 비커 입구에 깨끗한 spatula를 수직으로 하고, 이 spatula를 따라 용액이 여과지 속으로 흘러내리도록 한다(그림 4-2). 여과를 할 때는 여과지의 위쪽 부분에서 1cm 아래까지만 차도록 주의해야 하며, 그 이상 넘치는 것은 절대 금물이다. 만약 거른 액이 뿌옇게 보이면 다시 여과한다.
10. 비커에 붙어 있는 용액과 침전물을 증류수를 사용하여 헹구어 여과한다. 비커 속 용액과 침전물이 완전히 다 헹구어졌다면, 10mL 증류수로 세 번 여과지 속에 들어 있는 침전물을 헹군다. 그리고 침전물을 빠르게 건조시키기 위해서 10mL의 아세톤으로 5번 정도 헹군 다음 glass funnel로부터 침전물이 담긴 여과지를 무게가 재어진 watch glass 위에 조심스럽게 올려놓는다.
11. 드라이어를 사용하여 건조시키고 더 이상 아세톤의 냄새가 나지 않을 때에 침전물이 포함된 여과지와 watch glass의 무게를 측정한다.
14. 얻어진 $BaSO_4$의 무게로부터 처음 시료 중의 Ba^{2+}의 무게와 % 조성을 계산한다.

추가 실험

다음에 대한 실험 과정을 기술하고 분석하도록 한다. 이를 위해서는 Cl이나 S과 결합하여 불용성 침전물을 형성하도록 반응을 고안해야 한다.

1. $BaCl_2 \cdot 2H_2O$(미지 혼합물) 속의 Cl의 % 조성 결정
2. $MgSO_4 \cdot 7H_2O$ 속의 Mg^{2+}의 % 조성 결정
3. 상업용 황산마그네슘($MgSO_4 \cdot 7H_2O$) 속 $MgSO_4$의 순도 결정

주의 사항

1. 황산이나 염산 사용 시 눈이나 피부에 닿거나 튀지 않게 주의한다.
2. 가열 시 화상을 주의한다.
3. 도가니를 잡을 때 도가니 집게를 사용하여 잘 잡는다.

화학실험 보고서

가. 시료의 무게 달기

	실험
깨끗하게 건조된 도가니와 뚜껑의 무게 (g)	
미지 혼합물 시료를 포함한 도가니와 뚜껑 전체의 무게 (g)	
시료의 무게 (g)	

나. 물의 함량 결정

	실험
탈수된 시료를 포함한 도가니와 뚜껑의 무게 (g)	
탈수된 시료만의 무게 (g)	
시료 속의 물의 % 조성 (%)	

다. 바륨(Ba^{2+})의 함량 결정

	실험
빈 여과지와 시계접시의 무게 (g)	
걸러진 $BaSO_4$를 포함한 여과지와 시계접시의 무게 (g)	
$BaSO_4$의 무게 (g)	
시료 속의 Ba^{2+}의 무게 (g)	
Ba의 % 조성 (%)	

실험 05 열량계법

이론 및 배경

열량계법은 화학반응으로 일어나는 열의 흐름을 측정하는 과학적인 방법으로, 물체가 열을 흡수하거나 방출할 때 온도의 변화를 관찰하는 방법에 기초를 두고 있다. 발열 반응은 열을 외부로 방출하고 반면에 흡열 반응은 열을 흡수한다. 화학 반응에 의한 열량 변화의 정량적 결정은 화학 결합의 생성과 파괴에 의한 에너지 변화를 다루는 열역학에 기초를 두고 있다. 열량계는 보통 열에너지의 이동을 방지하면서 안쪽에서 화학반응이 일어날 수 있도록 고안한 절연된 용기로써 화학 반응 과정에 관련된 열의 흐름을 실험적으로 측정하는 장치를 말한다.

열량(q)은 계와 주위의 온도차이로 인하여 계가 방출하였거나 흡수한 에너지이다. 단위로는 calorie(cal)와 joule(J)이 쓰이고 1cal는 물 1g을 1℃ 높이는 데 필요한 열량으로 나타낸다. 또한 1cal는 4.184J과 같다.

열용량(C)은 계 전체의 온도를 1℃(or 1K) 높이는 데 필요한 열량으로, $C = q/\Delta T$와 같이 표시된다. 그러므로 온도 변화에 따른 열량의 변화로써 나타내어지며 열용량은 어떤 계의 특성이다. 단위로는 J/℃ 또는 J/K이 주로 쓰인다. 실험적으로 열용량은 고열원이 방출한 열량과 저열원이 흡수한 열량이 같다는 다음의 식을 이용하여 계산할 수 있다.

고열원의 열용량 × (처음 온도 - 평형 온도) = 저열원의 열용량 × (평형 온도 - 처음 온도)

1g의 물의 온도를 1℃ 올리는 데 비해 2g의 물을 1℃ 올릴 경우 두 배의 열이 더 필요하다. 따라서 물질의 열용량을 정의하는 데 있어서는 물질의 양을 포함하여 나타내야 하고, 물질 1g당 열용량을 그 물질의 비열(s)이라고 하며, 단위는 J/g·℃ 또는 J/g·K를 사용한다. 예를 들어 물의 비열은 4.184 J/g·℃이다. 수식으로 표현하면 다음과 같다.

$$비열 = \frac{열용량}{질량} = \frac{C}{m} = \frac{q}{m \times \Delta T}$$

중화열은 산과 염기가 각각 1당량씩이 중화 반응할 때 발생하는 열에너지로 정의된다. 강염기에 대한 강산의 중화 반응은 수소 이온과 수산화 이온이 반응하여 물을 생성하는 반응이다. 즉 $H^+ + OH^- \rightarrow H_2O$이다. 중화 반응의 한 예로, 온도가 같은 산 용액과 염기 용액을 혼합하였을 때 온도가 상승하므로, 중화 반응에 의해 열에너지가 방출되었음을 의미한다. 방출된 에너지의 양은 온도 변화량(ΔT), 용액의 질량(m) 및 비열(s)로부터 계산할 수 있다.

방출된 에너지 = 용액에 흡수된 에너지

= 비열 × 용액의 질량 × 상승 온도 = $s \times m \times \Delta T$

시약 및 실험기구

온도계, 100mL 비커(beaker), 열량계, 더운물, 찬물, 100mL 매스실린더(Graduated Cylinder), 1.0*M* NaOH 용액, 1.0*M* HCl 용액, MBL 시스템, PT온도센서

실험 방법

가. PT 온도센서를 이용한 온도계 검정

1. MBL 시스템(ScienceCube)에 PT 온도센서와 interface를 준비하고 노트북을 켠다.
2. 바탕화면에 있는 'Science # for window' 아이콘을 클릭하여 프로그램을 실행한다. Interface를 노트북과 연결하고(블루투스 방식 또는 유선), PT 온도센서를 interface에 연결한다. 측정 방법을 설정하고 '실험시작'을 클릭하여 온도 측정을 시작한다.
3. 얼음물이 든 비커 속에 온도계와 PT 온도센서를 넣어둔다.
4. 안정화된 이후의 온도를 온도계와 온도센서로 측정하고, '실험정지'를 눌러서 측정 프로그램을 정지시킨다.
5. 측정된 온도 차이를 이용해 온도계를 검정한다.

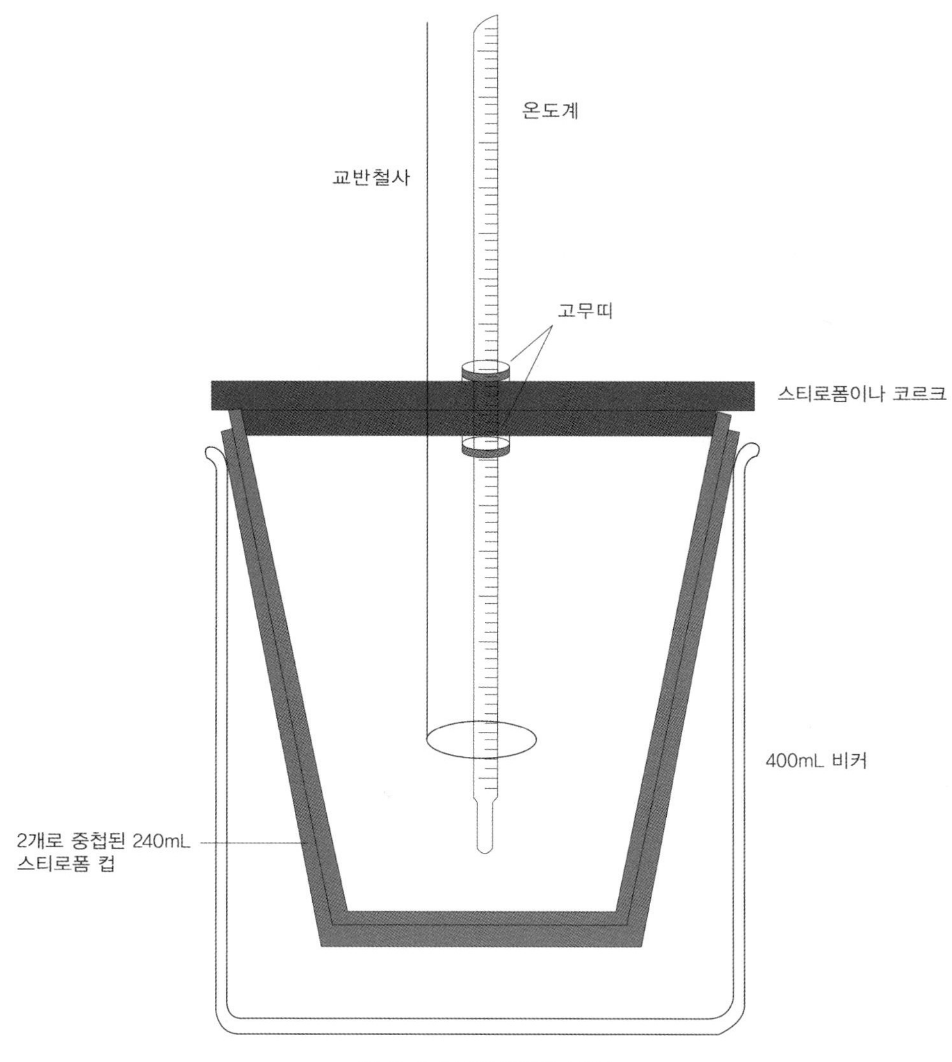

그림 5-1 | 열량계의 구조

나. 열량계의 열용량 결정

1. 건조된 열량계의 질량을 측정한다.
2. 열량계에 50mL 정도의 찬물을 붓고 질량을 측정한 후에 그림 5-1과 같이 열량계를 설치하고, 온도계와 위에서 검정한 MBL 시스템의 PT 온도센서를 사용하여 온도가 일정하게 유지되는지 확인한다.
3. 50mL 정도의 더운물을 비커에 넣고, 더운물과 냉수의 온도를 온도계와 PT온도센서를 이용하여 다시 측정하여 기록한다.

4. MBL 시스템에서 실험설정을 매 1초마다 온도를 측정하도록 설정한 이후에 '실험시작' 아이콘을 누르고 더운물을 열량계 속에 붓는다.
5. 열량계의 뚜껑을 덮고 열량계에 있는 젓개를 이용하여 조심스럽게 저어주면서 온도가 일정해질 때까지 측정하고 이때의 온도를 기록한다.
6. 또한 온도가 일정해지면 '실험정지'를 눌러서 MBL 측정 프로그램 수행을 정지시키고, 열량계 전체 질량을 측정하여 추가된 더운물의 질량과 열량계의 열용량을 계산한다.

다. 강산과 강염기 사이의 중화열

1. 매스실린더(Graduated Cylinder)를 이용하여 1.0*M* NaOH 용액 50mL를 비커에 담는다.
2. 매스실린더를 이용하여 1.0*M* HCl 용액 50mL를 비커에 담는다.
3. 산과 염기 용액의 온도를 온도계로 확인하여 양쪽 온도가 같아질 때까지 기다린다.
4. 건조된 열량계의 질량과 50mL NaOH 용액을 열량계 속에 넣고 질량을 측정한다.
5. 온도계로 초기온도(T_1)를 기록하고, MBL 프로그램을 이용하여 매 1초마다 온도를 측정하도록 설정한 후에 '실험시작' 아이콘을 누른다. 50mL HCl 용액을 열량계 속에 붓고 뚜껑을 덮는다. 열량계에 있는 젓개를 이용하여 조심스럽게 저어준다.
6. 온도가 일정해 질 때까지 측정하여 기록한다(최종온도 T_2).
7. '실험정지'를 눌러서 MBL 측정 프로그램을 정지시키고, 열량계 전체 질량을 측정하여 추가된 산 용액의 질량과 중화열을 계산한다.

주의 사항

1. PT 온도센서의 측정 부위는 스테인리스강 재질로 되어 있어서 HCl 강산 용액에 장시간 넣어 두면 표면이 손상되므로 강산 용액에 오랫동안 담가두지 않도록 주의한다.
2. NaOH에 HCl을 첨가하면 반응열이 발생하므로 너무 급하게 혼합하지 않도록 주의한다.

화학실험 보고서

가. 온도계 검정 (얼음물의 온도 측정)

- PT 온도센서 온도: ________℃
- 온도계 온도: ________℃
- PT 온도센서와 온도계 사이의 온도 차이: ________℃

나. 열량계의 열용량 결정

	측정값
건조된 열량계의 질량 (g)	
찬물을 포함한 열량계의 질량 (g)	
찬물의 질량, W_1 (g)	
찬물의 초기온도, T_1^c (℃)	
더운물의 초기온도, T_1^h (℃)	
혼합 후 최종온도, T_2 (℃)	
혼합 후 열량계의 질량 (g)	
더운물의 질량, W_2 (g)	
열량계의 열용량, C_m (cal/℃)	

※ 열량계의 열용량 계산

찬물이 얻은 열량 $q_2 = (T_2 - T_1^c) \times$ 비열 $\times W_1$

더운물이 잃은 열량 $q_1 = (T_2 - T_1^h) \times$ 비열 $\times W_2$

열량계의 열용량 $C_m = (q_1 - q_2) / (T_2 - T_1^c)$

다. 강산과 강염기 사이의 중화열

	측정값
건조된 열량계의 질량 (g)	
염기 용액을 포함한 열량계의 질량 (g)	
염기 용액의 질량 (g)	
염기 용액의 부피, V_{NaOH} (mL)	
혼합 전 초기온도, T_1 (℃)	
혼합 후 최종온도, T_2 (℃)	
전체 열량계의 질량, w (g)	
산 용액의 질량 (g)	
혼합 용액의 열용량, C_s (cal/℃)	
중화열(Q_n) 계산 (cal/mol)	

※ 중화열 계산

중화열 계산식: $Q_n = \dfrac{[C_m \times (T_2 - T_1)] + [C_s \times (T_2 - T_1)]}{1.0\,M \times V_{NaOH}}$

실험 06 착물화법 적정

이론 및 배경

착물(Complex)을 형성하는 물질은 미지 용액 속에 포함된 금속 이온들의 농도결정을 위하여 사용되어 진다. 분석화학의 착물화법 적정 실험에서 가장 자주 사용되는 리간드로는 EDTA(ethylenediaminetetraacetic acid)로 대부분의 금속이온과 1:1 착물을 형성한다. EDTA는 강한 염기성 용액에서 네 개의 카복시 그룹이 가진 H원자를 잃고, Y^{4-} 형태의 구조가 되는데 이 화학종은 금속 이온과 여섯 개의 자리에서 배위 결합을 만든다. 이를 여섯 자리 리간드라고 부르고 다른 리간드들에 비해 상대적으로 큰 안정한 착물을 형성하기 때문에 자주 사용된다.

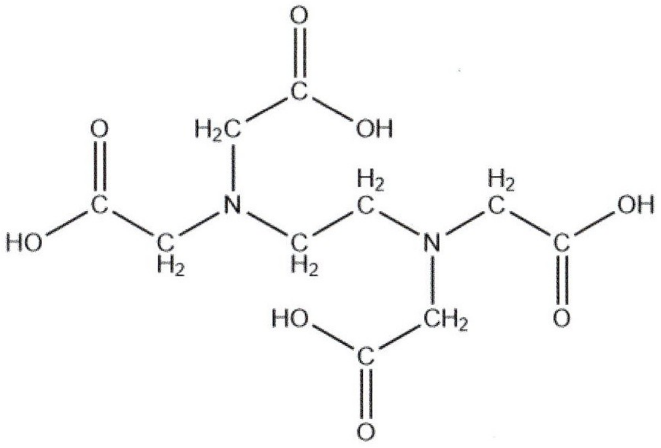

그림 6-1 | EDTA 구조

EDTA를 이용한 착물화법 적정 실험의 종말점은 금속 착색 지시약(metallochromic indicator)을 사용하여 결정한다. 이 실험에서 사용하는 EBT(eriochrom black T)는 가장 자주 사용되는 지시약의 하나로서, pH 9-10의 수용액에서 HIn^{-}로 해리되어 푸른색을 띄고 금속이온과 착물을 형성하면 적자색을 띤다.

$$Mg^{2+} + HIn^{-}\ (푸른색) \rightarrow MgIn\ (적자색) + H^{+}$$

적정하는 동안, EDTA는 용액 속에 있는 자유 금속이온(Ca^{2+} 또는 Mg^{2+})들과 먼저 반응을 하여 착물을 형성 하고, 모든 자유금속 이온이 EDTA와 착물을 형성하면, EDTA는 용액 속에 존재하는 MgIn 또는 CaIn의 금속 이온과 반응하여 착물을 형성한다(EDTA의 반응성이 더 커서 EBT와 결합되어 있는 금속이온을 뺏어와 착물을 형성). 이 반응이 완결되었을 때, 용액의 색은 EBT 자체의 푸른색으로 변하고, 이것은 적정의 종말점을 의미한다.

$$Mg^{2+}\text{-}EBT\ (적자색) + EDTA\ (무색) \rightarrow EBT\ (푸른색) + Mg^{2+}\text{-}EDTA\ (무색)$$

시약 및 실험기구

뷰렛, 뷰렛 홀더를 가진 스탠드(stand), conical 비커, EBT 지시약, $CaCO_3$ 표준용액, $Na_2EDTA \cdot 2H_2O$, pH10 완충 용액, 100mL 부피플라스크(volumetric flask), 교반기, 마그네틱 바, glass funnel, 0.1*M* NaOH 용액

실험절차

가. 0.01*M* EDTA 용액의 제조 및 표준화

1. $Na_2EDTA \cdot 2H_2O$ 약 0.372g을 100mL Volumetric flask에 넣는다.
2. Volumetric flask에 증류수를 약 70mL 정도 넣고, Na_2EDTA를 녹인다(용액이 깨끗하지 않다면 0.1*M* NaOH을 몇 방울 넣는다).
3. 표선까지 증류수를 채우고 완전히 녹인 후 뷰렛에 넣는다(15분 이상, 교반기 사용 가능).
4. 100mL conical 비커 2개에 0.008*M* $CaCl_2$ 표준용액을 10mL씩 넣는다.
5. 각 conical 비커에 pH10 완충용액을 2~3mL씩 넣는다(pH paper를 사용하여 pH가 9 이상인지 확인하고 그렇지 않으면 완충용액을 더 넣는다).
6. 각 비커에 EBT 지시약 1~2방울을 각각 넣는다.
7. 적자색에서 푸른색으로 변할 때까지 위에서 만든 EDTA 용액으로 적정한다.
8. EDTA 용액의 정확한 농도를 계산한다.

나. 수돗물의 경도 측정(Ca^{2+}의 농도 결정)

1. 100mL conical 비커 2개에 수돗물을 20mL씩 넣는다.
2. 각 비커에 pH 10완충용액을 2~3mL씩 넣는다(pH paper를 사용하여 pH가 9 이상인지 확인하고 그렇지 않으면 완충용액을 더 넣는다).
3. 각 Beaker에 EBT 지시약 1~2 방울을 각각 넣는다.
4. 적자색에서 푸른색으로 변할 때까지 EDTA 용액으로 적정한다.
5. 각각의 적정에 대하여 수돗물 속에 들어 있는 Ca^{2+}의 농도를 계산한다.
6. 평균과 표준편차를 계산한다.

화학실험 보고서

가. EDTA 용액의 표준화 [실험시간이 가능하면 3차 측정 시도]

	1차 측정	2차 측정	3차 측정
$CaCl_2$ 용액의 부피			
$CaCl_2$ 용액의 몰농도			
적정에 소요된 EDTA 용액의 부피			
EDTA 용액의 계산된 몰농도			
EDTA 용액의 평균 몰농도			

나. 수돗물의 경도 측정(Ca^{2+} 농도 결정) [실험시간이 가능하면 3차 측정 시도]

	1차 측정	2차 측정	3차 측정
적정에 소요된 EDTA 용액의 부피			
EDTA 용액의 몰농도			
Ca^{2+}의 몰수			
Ca^{2+}의 % 함량			
Ca^{2+}의 평균 % 함량			

실험 07 원소의 방출 스펙트럼

이론 및 배경

우리는 가시광선이라 부르는 특정 파장 영역의 빛이 여러 가지 색깔로 이루어져 있다는 사실을 알고 있다. 또한 불꽃놀이, 네온사인 등에서 볼 수 있는 화려한 색이 특정 원소와 관련되어 있다는 얘기를 들어 보았을 것이다. 그러한 색이 나타나는 이유는 원자가 전기나 열의 형태로 에너지를 흡수하여 들뜬상태가 되었다가 원래의 상태로 돌아오며 에너지를 방출하기 때문이다. 이때 방출되는 에너지가 가시광선 영역에 해당하면 눈으로 색을 관찰할 수 있다.

원자의 바닥상태는 모든 전자가 가능한 가장 낮은 에너지를 갖는 단 하나의 상태만을 의미하지만, 전자가 에너지를 흡수하여 점유할 수 있는 들뜬상태는 여러 개가 있다는 사실을 기억할 필요가 있다. 따라서 들뜬상태의 원자에서 방출되는 빛은 여러 가지 다른 진동수를 가지며, 이것이 원소의 방출 스펙트럼이다. 모든 원소는 그 자신만의 고유한 방출 스펙트럼을 가지기 때문에 어떤 물질에 있는 여러 원소를 화학적으로 분리해내지 않고도 원소의 종류를 알아낼 수 있다.

이 실험에서는 원소가 들어있는 여러 가지 방전관으로부터 방출되는 스펙트럼을 관찰하고, 분광기를 이용하여 방출되는 빛의 파장과 진동수를 측정할 것이다.

시약 및 실험기구

기체 방전관 (수소, 헬륨, 아르곤, 네온 및 선택된 방전관 들), 방전관 전원장치, 분광기
분젠 버너, 니크롬 선, 진한 염산 수용액
LiCl, NaCl, KCl, $CaCl_2$, $SrCl_2$, $Cu(NO_3)_2$의 묽은 수용액 (조교가 선택하여 준비함)

실험 방법

가. 기체 원소의 선 스펙트럼

1. 수소 기체의 방전관을 전원장치에 장착한 뒤 전원을 연결한다. 스위치를 켜면 분홍색과 유사한 특이한 색의 빛이 나타난다.
2. 광섬유 검출기가 장착된 분광기(또는 간이 분광기)를 이용해 방출되는 빛의 스펙트럼을 관찰하고 파장을 측정한다.
3. 여러 가지 다른 방전관을 이용해 위의 과정을 반복한다.

나. 고체 원소의 선 스펙트럼

1. 깨끗한 니크롬선을 준비한 후 분젠 버너 불꽃의 가장 뜨거운 부분에 넣어 니크롬선이 빨갛게 보일 때까지 가열한다. 이물질이 있다면 불꽃에서 다른 색이 보일 것이다. 만약 이물질이 몇 초 안에 사라지지 않으면 니크롬선을 상온으로 식힌 뒤 진한 염산 수용액에 담근다. 잠시 후 니크롬선을 꺼내 분젠 버너 불꽃으로 가열해서 깨끗한지 확인한다.
2. 염화리튬, 염화소듐, 염화포타슘, 염화칼슘, 염화스트론튬 및 질산구리(II) 수용액 각각을 약 2mL씩 준비한다.
3. 표면이 깨끗한 니크롬선을 위의 용액 중 하나에 담갔다 꺼내어 분젠 버너의 불꽃으로 가져간다. 이때 나타나는 빛을 관찰하고, 분광기로 측정한다.
4. 사용한 니크롬선은 위의 절차에 따라 표면을 청소한 뒤 나머지 용액에 대하여 차례로 실험한다.

주의 사항

1. 기체 방전관은 유리 재질이기 때문에 깨지지 않도록 주의하여야 한다. 또한 전원이 연결되면 가시광선뿐 아니라 자외선도 함께 방출되기 때문에 가까이서 오랫동안 맨눈으로 쳐다보면 망막에 손상을 입을 수도 있다. 기체 방전관을 작동시키면, 매우 뜨거우니 방전관을 탈착할 때는 충분히 식힌 후 탈착한다. 전원 장치는 고전압(5000 V)이 흐르기 때문에 매우 주의해서 다루어야 한다.
2. 분젠 버너나 알코올 램프 등 불꽃을 사용할 경우 주변에 인화성 물질이 없도록 사전에 정리한다. 또한 화재가 발생할 경우를 대비하여 소화기의 위치를 알아둔다.

3. 진한 염산은 부식성이 매우 강한 물질이므로 피부나 옷에 묻지 않도록 주의하고, 증기를 흡입하지 않도록 주의한다. 만약 피부에 묻었을 경우 최대한 빨리 차가운 물로 충분히 씻어낸다. 진한 염산을 흘리거나 쏟았을 경우 조교에게 보고하여 탄산소듐 수용액으로 중화한다.

화학실험 보고서

가. 기체 원소의 선 스펙트럼

1. 분광기로 관찰하여 측정한 방출 스펙트럼의 파장을 적고, 이를 진동수와 에너지 단위로 환산하시오.

기체의 종류	색	파장 (nm)	진동수 (s^{-1})	에너지 (J)
수소				
헬륨				
아르곤				
질소				

나. 고체 원소의 선 스펙트럼

1. 분광기로 관찰한 고체 원소의 선 스펙트럼의 파장을 적고, 이를 진동수와 에너지 단위로 환산하시오.

원소의 종류	색	파장 (nm)	진동수 (s^{-1})	에너지 (J)
리튬				
소듐				
포타슘				
칼슘				
스트론튬				
구리				

실험 08 분자 모델링(VSEPR)

화학에서 분자의 구조를 예측하는 것은 상당히 중요하다. 하지만 복잡한 구조를 가진 화합물들의 정확한 구조를 예측하기 위해서는 기초적으로 중심원자 주위에 원자들이 어떻게 배열되는지를 알아야 한다. 이를 위해서는 양자역학의 기초적인 내용인 VSEPR(Valence Shell Electron Pair Repulsion) 이론을 알아야 한다. VSEPR 이론은 중심원자 주위에 존재하는 전자쌍의 수에 따라 이들 전자쌍들 사이에 가지는 반발력을 최소화 할 수 있도록 전자쌍들이 배치되는 이론이다. 여기서 전자쌍들은 비공유 전자쌍, 결합 전자쌍들이 해당하게 되는데, 이중 결합 또는 삼중 결합과 같이 여러 개의 전자가 한곳에 몰려 있는 곳은 하나의 전자 영역으로 고려하여 분자 구조를 예측해야 한다. 따라서 중심 원자 주위에 몇 개의 전자 영역이 존재 하는 가에 의해 이런 전자 영역들 사이에 반발력을 최소화 하도록 전자 영역이 배치되는 전자 기하 구조를 결정할 수 있다. 전자 기하 구조는, 만일 두 개의 전자 영역이 중심 원자 주위에 놓이게 되면, 선형을 가진다. 세 개의 전자 영역은 중심 원자 주위에서 반발력을 최소화하기 위해 평면 삼각형의 전자 기하 구조를 가지게 된다. 이처럼 중심 원자 주위에 전자 영역이 네 개 위치하게 되면, 사면체 전자 기하 구조, 다섯 개의 전자 영역은 삼각쌍뿔 전자 기하 구조, 여섯 개의 전자 영역은 팔면체의 전자 기하 구조를 만든다. 이 다섯 가지의 전자 기하 구조에서 중심 원자 주위의 전자 영역 수만큼 다른 원자와 결합을 이루고 있다면, 같은 이름의 분자 기하 구조가 된다. 하지만 중심 원자 주위의 전자 영역 수에서 결합 전자쌍 대신 비공유 전자쌍이 배치하게 되면, 전자 기하 구조와는 다른 분자 기하 구조를 가지게 된다. 두 개의 전자 영역을 가진 선형의 전자 기하 구조는 같은 이름의 분자 기하 구조만을 가지게 된다. 왜냐하면, 기하 구조는 적어도 세 개의 원자로 이루어져야 하기 때문이다. 세 개의 전자 영역을 가진 전자 기하 구조에서는 하나의 전자 영역이 비공유 전자쌍으로 대치 될 수 있다. 이때에도 전자 영역이 나타내는 기하 구조는 평면 삼각형이지만, 분자의 기하 구조는 중심 원자와 두 개의 결합 전자쌍으로 이루어진 굽은 구조가 된다. 네 개의 전자 영역으로 이루이진 사면체 전자 기하 구조를 가진 분자에서는 하나 또는 두 개의 전자 영역이 비공유 전자쌍으로 대치 될 수 있다. 하나의 전

자 영역이 비공유 전자쌍으로 대치된 경우는 삼각뿔, 두 개의 전자 영역이 비공유 전자쌍으로 대치된 경우에는 굽은 구조의 분자 기하 구조를 가지게 된다.

다섯 개의 전자 영역으로 둘러싸인 분자는 삼각쌍뿔의 전자 기하 구조를 가지게 되는데, 이들 다섯 개의 전자 영역은 두 가지 다른 반발력을 가지게 되어 적도 방향과 축 방향으로 나눌 수 있다. 삼각쌍뿔 구조의 가운데 띠처럼 세 개의 전자 영역을 적도 방향이라고 부르고, 위아래에 있는 두 개의 전자 영역을 축 방향이라고 부른다. 축 방향의 전자 영역은 적도 방향에 있는 세 개의 전자 영역과 90도의 결합각을 가지게 되어 축 방향의 전자 영역 보다 큰 반발력을 가지게 되고, 적도 방향의 전자 영역은 축 방향의 전자 영역과는 90도의 결합각을 가지게 되나, 적도 방향의 전자 영역들과는 120의 결합각을 가지게 되어 축 방향의 전자 영역 보다는 작은 반발력을 가지게 된다. 만일 삼각쌍뿔의 전자 기하 구조에서 한 개의 전자 영역이 비공유 전자쌍으로 대치가 된다면, 위에서 언급한 두 개의 다른 방향들 중 적도 방향의 영역에 배치된다. 왜냐하면 결합 전자쌍을 두 개의 원자들 사이에 전자들이 존재하는 공유 공간이 되는데, 이때 두 원자핵 사이에 나선형의 구조를 가지게 된다. 하지만 비공유 전자쌍은 중심 원자에 가까이 존재해야하기 때문에 결합 전자쌍보다 넓은 각도가 필요하게 된다. 따라서 비공유 전자쌍은 좀 더 넓은 공간을 가지고 있는 적도 방향에 위치하게 된다. 만일 하나의 전자 영역이 비공유 전자쌍으로 대치된 경우, 분자 기하 구조는 시소 구조가 되고, 두 개의 전자 영역이 대치된 경우는 T-형, 세 개의 전자 영역이 대치된 경우에는 직선형이 된다.

전자 영역이 중심 원자 주위에 여섯 개가 존재하게 되면, 팔면체의 전자 기하 구조를 가진다. 하지만 이 구조에서는 모든 전자 영역들 사기에 가지게 되는 결합각이 모두 90도를 가지게 되기 때문에, 적도 방향과 축 방향으로 구분하지 않는다. 만일 하나의 전자 영역이 비공유 전자쌍으로 대치되면, 여섯 개의 전자 영역들 중 하나가 대치되어 사각뿔의 분자 기하구조를 가지게 된다. 만일 하나의 전자 영역이 더 비공유 전자쌍으로 대치되면, 이때는 이전에 비공유 전자쌍으로 대치된 전자 영역의 반대쪽 전자 영역이 대치되고, 따라서 평면사각형의 분자 기하 구조를 가지게 된다.

우리는 복잡한 분자 구조를 가진 화합물의 구조를 파악하기 위해서 화합물 속에서 중심 원자를 구분하여 각 중심 원자에 대한 기하 구조를 결정하여 연결하여 대략적인 분자의 구체적인 구조를 파악할 수 있다. 이렇게 예측한 화합물의 구조는 이 물질들의 거시적 특징들을 이해하는 데 도움을 줄 수 있다.

본 실험에서는 분자 모델링 키트 또는 컴퓨터 프로그램을 활용하여 분자의 구조를

예측해본다.

실험 방법

가. 분자 모델링 키트를 활용한 실험

1. 분자 모델링 키트에 들어 있는 안내서를 잘 읽고, 각각의 색깔의 구가 어떤 원자를 대표하는지 확인 및 각기 다른 길이의 막대가 어떤 원자들 사이의 결합을 나타내는지 확인한다.
2. 위에서 언급한 분자 기하 구조들의 대표적인 화합물들을 각각 만들어 보고 사진을 찍어 결과에 기록한다.
3. 담당 조교로부터 공지받은 화합물들의 구조를 각각 만들어보고 사진을 찍어 결과에 기록한다.
4. 위에서 만든 화합물들의 구조를 보고 가능한 화학적 특성을 예측해보고 결과 리포트에 기록한다.

나. 컴퓨터 프로그램을 활용한 실험

1. 담당 교수 또는 조교로부터 사용할 프로그램을 안내받는다(ChemDraw 또는 웹사이트).
2. 프로그램(또는 웹사이트) 사용방법에 대해 학습하고, 위에서 언급한 구조들을 만들어본 후 화면을 캡처하여 결과에 기록한다.
3. 담당 조교로부터 공지 받은 화합물들의 구조를 각각 만들어보고 화면을 캡처하여 결과에 기록한다.
4. 만든 화합물들의 구조를 보고 가능한 화학적 특성을 예측해보고 결과 리포트에 기록한다.

화학실험 보고서

가. 분자 모델링 키트를 활용한 실험

키트를 활용해 만든 각 구조를 사진으로 찍어 아래에 첨부하고, 그 분자 구조가 타당한지 생각해본다.

나. 컴퓨터 프로그램을 활용한 실험

프로그램을 활용해 만든 각 구조를 캡처하여 아래에 첨부하고, 그 분자 구조가 타당한지 생각해본다.

실험 09 아보가드로 수의 결정

이론 및 배경

아보가드로(Avogadro) 수는 순수한 ^{12}C 12그램(g)에 들어 있는 탄소 원자의 수와 같은 수로 정의한다(6.02214×10^{23}). 또한 아보가드로 수에 해당하는 양의 어떤 것을 그 물질 1몰(mol)이라 한다. 현대에는 질량분석과 같은 방법으로 그 수를 정확히 결정할 수 있다.

스테아르산(Stearic acid, $C_{18}H_{36}O_2$)은 비극성 탄화수소의 사슬 끝 부분에 극성의 카복실기가 연결된 지방산 분자이다.

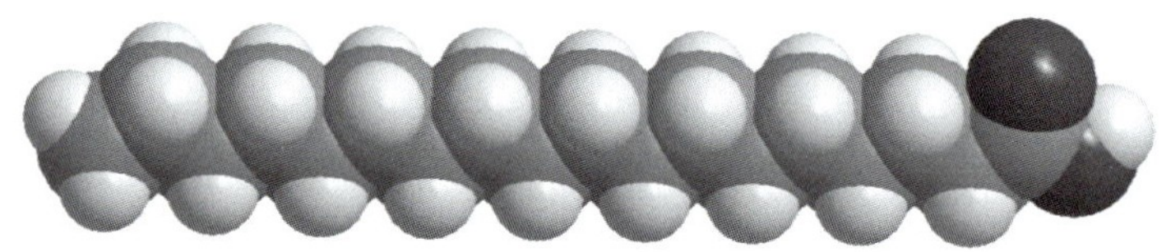

그림 9-1 | 스테아르산 ($CH_3(CH_2)_{16}COOH$)의 분자 모형

스테아르산은 분자 전체의 매우 작은 부분만이 친수성을 가지므로 헥세인과 같은 비극성 용매에 쉽게 녹는다. 스테아르산의 밀도는 $0.9405 g/cm^3$이므로 물과 혼합할 경우 섞이지 않고 물의 윗부분에 층을 형성한다.

만약 매우 적은 양의 스테아르산을 물에 넣는다면 이 분자들은 친수성의 카복실기 부분이 물에 잠기고 소수성의 탄화수소 사슬은 반대 방향인 위쪽으로 향한 후 정렬되어 아래의 그림과 같은 단분자막을 형성할 것이다.

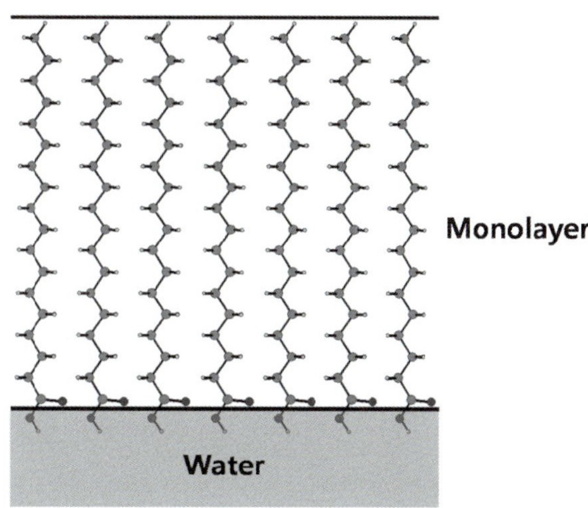

그림 9-2 | 물 표면에 형성된 스테아르산의 단분자막

이때 단분자막을 이룬 스테아르산의 질량과 단분자막의 면적을 측정하면 밀도를 이용하여 단분자막에 있는 스테아르산 분자의 수를 알 수 있다. 그리고 단분자막을 이룬 스테아르산의 몰을 이용하여 아보가드로 수를 결정할 수 있다.

이 과정에서 스테아르산 분자의 모양에 관한 단순화된 모형이 필요하다. 즉 스테아르산 분자의 높이를 가로 또는 세로 길이의 6배인 직육면체, 혹은 높이가 지름의 6배인 원통으로 가정하여 아보가드로 수를 결정한다.

본 실험은 비교적 단순한 과정으로 이루어져 있으나, 모든 단계에서 매우 주의하여 실험하지 않으면 최종 결과의 계산 값에서 큰 차이가 발생함을 깨닫게 될 것이다.

시약 및 실험기구

Glass Dish(지름 20cm 이상, 높이 2cm 이상), 내부 지름 1mm 정도의 유리관, 눈금자, 10mL 눈금실린더, 송화 가루(또는 베이비파우더 분말), 스테아르산을 녹인 사이클로헥세인 용액(약 1.1g/L)

실험 방법

1. 지름과 높이가 각각 약 20cm, 2cm 이상인 Dish를 깨끗이 씻은 후 물을 대략 1cm 높이로 담는다.

2. 수면이 잔잔해지기를 기다려 작은 약숟가락에 담긴 송화 가루를 약 한 뼘 높이에서 천천히 골고루 뿌려준다. 이때 송화 가루가 물 표면을 얇은 막처럼 균일하게 덮어야 하며, 그릇의 벽에 닿지 않게 뿌려야 한다.
3. 점적병에 담긴 스테아르산을 녹인 사이클로헥세인 용액을 준비한다.
4. 점적병의 스포이드로 스테아르산 용액 1방울을 물 표면 위의 송화가루 가운데에 살짝 떨어뜨린다.
5. 떨어뜨린 스테아르산 용액에서 사이클로헥세인이 증발하며 송화가루를 원형으로 밀어내는데, 그 크기가 변하지 않을 때까지 기다린 후 원형 기름막의 지름을 측정한다. 기름막이 원형이 아닌 경우 대각선 방향의 길이를 여러 번 측정하여 평균값을 얻어낸다.
6. 실험에 사용된 그릇의 내용물을 적절히 폐기하고 깨끗이 씻은 다음, 위의 1~5의 과정을 반복한다.
7. 위 실험이 끝난 후, 실험에 사용한 점적병으로부터 사이클로헥세인 용액 몇 방울을 떨어뜨려야 10mL 눈금실린더의 1.0mL를 정확히 채울 수 있는지 측정한다.

주의 사항

1. 사이클로헥세인은 자극성 물질이므로 피부에 묻지 않도록 주의한다. 또한 인화성 물질이므로 주의해서 다루고, 실험이 끝난 후에는 적절한 용기에 폐기한다.
2. 실험에 사용하는 스테아르산의 사이클로헥세인 용액은 휘발성이 강하기 때문에 사용하지 않을 때에는 마개를 덮어놓아 농도의 변화를 최소화한다.
3. 실험에 사용하는 모든 용기와 기구는 깨끗이 세척한다. 특히 세제와 손자국이 남지 않도록 주의해야 한다.

화학실험 보고서

가. 스테아르산 단분자막의 지름

측정 1		1방울
	지름 (cm)	
측정 2		1방울
	지름 (cm)	

나. 눈금실린더의 1.0mL를 채우는 데 필요한 사이클로헥세인 용액의 방울 수

____________________방울/mL

다. 스테아르산 용액의 농도 (c): __________________g/L

라. 사이클로헥세인 용액 1방울에 들어 있는 스테아르산의 질량 (m)

m = {c (g/L) × (1 L / 1000mL)} / (방울/mL) = ________________g/방울

마. 스테아르산 단분자막의 부피 ($V_{막}$)

$V_{막}$ = m (g) / 밀도 (g/cm^3) = ________________cm^3

바. 스테아르산 단분자 막의 두께 (h)

$h = V_{막} / (\pi \times r^2)$

측정 1		1방울
	h (cm)	
측정 2		1방울
	h (cm)	

사. 스테아르산 1분자의 부피

① 분자의 모양이 h × (h/6) × (h/6)의 직육면체라 가정함 ($V_{분자} = h^3/36$)

측정 1		1방울
	$V_{분자}$ (cm^3)	
측정 2		1방울
	$V_{분자}$ (cm^3)	

② 분자의 모양이 높이 h, 지름 h/6의 원통형이라 가정함 ($V_{분자} = \pi \times h^3 / 144$)

측정 1		1방울
	$V_{분자}$ (cm^3)	
측정 2		1방울
	$V_{분자}$ (cm^3)	

아. 단분자막에 있는 스테아르산 분자의 수 ($N = V_{막} / V_{분자}$)

① 직육면체 모형

측정 1		1방울
	분자 수 (*N*)	
측정 2		1방울
	분자 수 (*N*)	

② 원통 모형

측정 1		1방울
	분자 수 (*N*)	
측정 2		1방울
	분자 수 (*N*)	

자. 아보가드로 수 (N_A = N / 단분자막 스테아르산의 몰 수)

① 직육면체 모형

측정 1			1방울
	아보가드로수 (N_A)		
측정 2			1방울
	아보가드로수 (N_A)		
평균		표준편차	

② 원통 모형

측정 1			1방울
	아보가드로수 (N_A')		
측정 2			1방울
	아보가드로수 (N_A')		
평균		표준편차	

실험 10 이상기체상태방정식(Boyle's Law)

이론 및 배경

1. 보일의 법칙

영국의 화학자 보일은 짧은 쪽의 끝이 막혀 있는 J자형 유리관을 만들고, 긴 쪽 관 위에서 수은을 넣으면서 짧은 관 속의 공기의 부피를 측정하여 '압력×부피'의 값들을 비교한 결과 거의 일정한 수치들을 가짐을 관측하였다. 즉 '일정한 온도에서 일정량의 기체 시료의 부피는 압력에 반비례한다'는 사실을 알게 되었으며, 이를 '보일의 법칙'이라고 한다. 압력(P)과 부피(V)의 관계는 다음과 같은 식으로 나타낼 수 있다.

$$P \times V = k$$

여기에서 k는 비례상수로, 온도와 기체의 양에 따라 변한다. 또한 기체의 양과 온도가 일정한 상태에서 압력이 P_1일 때의 부피를 V_1이라 하고 압력이 P_2일 때의 부피를 V_2라고 하면, 이들 사이에는 다음과 같은 관계도 성립한다.

$$P_1 \times V_1 = P_2 \times V_2$$

2. 샤를의 법칙

프랑스의 과학자 샤를은 일정한 압력에서 기체의 부피는 온도에 따라 일정하게 증가한다는 사실을 정량적으로 연구하여 발표하였다. 어떤 기체 일정량을 압력을 일정하게 유지하면서 온도의 증가에 따른 기체 부피의 팽창률을 조사한 결과 모든 기체에서 온도가 1℃ 상승함에 따라 0℃ 기체 부피의 1/273만큼 증가하였다. 이와 반대로 기체 시료의 온도가 1℃ 하강함에 따라 0℃ 기체 부피의 1/273만큼 감소하였다. 이 관계를 식으로 나타내면 다음과 같다.

$$V = V_0 \times (1 + \frac{t}{273})$$

여기에서 V는 온도가 t℃ 일 때의 부피, V_0는 0℃ 일 때의 부피, t는 임의의 섭씨온도이다. 온도가 영하 273℃에서 기체의 부피는 0이 되는데, 이 온도를 0K로 정의하고 절대온도 영도라고 부른다. 절대온도(T)와 섭씨온도(t) 사이에는 T(K) = t(℃) + 273의 관계가 성립한다.

압력이 일정할 때 절대온도-부피 그래프로부터 일정량의 기체 시료의 부피는 절대온도에 비례함을 알 수 있다. 이를 '샤를의 법칙'이라고 하며, 다음과 같이 표시할 수 있다.

$$\frac{V}{T} = k$$

여기에서 k는 비례상수로, 기체 압력과 양에 따라 변한다. 또한 기체의 압력과 양이 일정할 경우 절대온도가 T_1일 때의 기체의 부피를 V_1, 절대온도가 T_2일 때의 기체의 부피를 V_2라고 하면 다음과 같은 관계가 성립한다.

$$\frac{V_1}{P_1} = \frac{V_2}{P_2}$$

3. 이상기체 상태방정식

기체의 양이 일정할 때 기체의 압력과 온도가 동시에 변하는 경우 기체의 부피는 보일의 법칙과 샤를의 법칙을 함께 적용시킬 수 있다. 즉 일정량의 기체의 부피는 압력에 반비례하고 절대온도에 비례한다. 이 관계를 보일-샤를의 법칙이라고 하며, 다음과 같이 나타낼 수 있다.

$$\frac{PV}{T} = k \qquad \frac{P_1 V_1}{T_1} = \frac{P_2 V_2}{T_2}$$

여기에서 k는 비례상수로, 기체 양에 따라 변한다. 아보가드로의 법칙을 적용시켜 기체 1mol에 대한 상수 k 값을 구하면 0.08206 L·atm/mol·K이 나오는데, 이를 기체상수 R이라고 부른다. 그러므로 기체 n mol에 대하여 위의 식을 정리하면 다음과 같은

이상기체 상태방정식을 얻을 수 있다.

$$P \cdot V = n \cdot R \cdot T$$

시약 및 실험기구

20mL 주사기, 스탠드, 클램프, 고무마개, 핫플레이트, 250mL 가지 달린 삼각플라스크, 500mL 눈금실린더, 1000mL 비커, 타이콘 튜브, 3mL 주사기, 소량의 디에틸에테르, MBL 시스템, 기체압력-A 센서, PT 온도센서

실험 방법

가. 기체의 부피–압력관계(보일의 법칙)

1. MBL 시스템(ScienceCube)에 기체압력-A 센서와 20mL 주사기를 준비하고, 노트북을 켠다. 바탕화면의 'Science # for window'를 클릭하여 프로그램을 실행시킨다.
2. 인터페이스를 노트북과 연결하고 기체압력-A 센서를 인터페이스와 연결한다. 플라스틱 주사기의 피스톤을 잡아당겨 눈금을 20mL에 맞추고, 기체압력-A 센서와 연결한다.
3. 실험설정에서 '자동수집'을 선택하고, 수집 간격을 '3~4초'로 설정한다. 기체압력-A 센서의 영점을 조정한다.
4. '실험시작' 아이콘을 클릭하여 측정을 시작하고 수집 간격 사이에 주사기의 플런저를 1mL씩 눌러 각 부피에 해당하는 압력을 측정한다.
5. 주사기의 눈금이 5mL가 될 때까지 압력을 측정하고, 압력 값을 차트 영역에 기록한다.
6. 부피-압력 또는 (1/부피)-압력 그래프를 이용하여 얻어진 자료를 분석한다.

나. 기체의 온도–압력관계 실험

1. 보일의 법칙 실험이 끝나면 가열판 위에 절반 정도의 물이 담긴 1000mL 비커를 올려놓는다.
2. 250mL 가지 달린 삼각플라스크에 PT 온도센서가 부착된 고무마개를 꼭 막고, 타이콘 튜브를 이용하여 가지 달린 삼각플라스크의 가지에 기체압력-A 센서를 연결

한다(이때 플라스크 내부의 압력이 일정하게 유지될 수 있도록 해야 한다).

3. 기체압력-A 센서의 영점을 조정하고, 'Science # for window' 프로그램 실험설정 메뉴에서 '자동수집'을 설정하고 수집 간격을 '1초'로 설정한다.
4. '실험시작' 아이콘을 클릭하고 가열을 시작하여 온도와 압력 측정값들과 그래프를 함께 얻는다.
5. 온도가 60℃ 정도에 도달하면 '실험정지'를 눌러서 MBL 측정 프로그램 수행을 정지시키고 측정된 결과를 통해 온도-압력 자료를 분석한다.

다. 이상기체 상태방정식

1. 보일의 법칙 실험이 끝나면 250mL 가지 달린 빈 삼각플라스크에 PT 온도센서가 부착된 고무마개를 꼭 막고, 타이콘 튜브를 이용하여 가지 달린 삼각플라스크의 가지에 기체압력-A 센서를 연결한다.
2. 준비된 가지 달린 삼각플라스크를 50℃ 정도의 따뜻한 물에 잠시 동안 담가준다.
3. 온도와 압력이 일정하게 유지되면, 기체압력-A 센서의 영점을 조정한 후 Science # for window' 프로그램 실험설정 메뉴에서 '자동수집'을 설정하고 수집 간격을 '1초'로 설정한다.
4. 주사기에 디에틸에테르 1mL를 넣고 주사바늘을 가지 달린 삼각플라스크의 고무마개에 꽂은 후, '실험시작' 아이콘을 누름과 동시에 디에틸에테르를 주입한다.
5. 디에틸에테르가 모두 기화하여 압력이 일정하게 유지되면 온도와 압력을 확인하고, '실험정지'를 눌러서 MBL 측정 프로그램 수행을 정지시키고 측정된 결과를 기록한다.
6. 가지 달린 삼각플라스크에 물을 가득 채운 후, 물을 눈금실린더로 옮겨 삼각플라스크의 부피를 구한다.
7. 구한 자료들로부터 디에틸에테르의 분자량을 구한다.

주의 사항

1. 이 실험에서는 압력의 변화가 크므로 반드시 사용범위가 넓은 기체압력-A 센서를 사용하도록 한다.
2. 디에틸에테르는 휘발성과 인화성이 강하고 폭발할 위험이 있으므로 각별히 주의한다.

3. 기체압력 센서는 상대압력 측정방식을 이용하므로 대기압에서 기체 압력이 0으로 표시되고, 실제압력은 '대기압 + 측정압력'으로 구해야 한다.

화학실험 보고서

가. 기체의 부피–압력관계

측정 결과를 Excel 프로그램을 사용하여 'P vs. V', 'P vs. 1/V', 'PV vs. 측정 횟수'에 대한 그래프를 그려 비교하고, 오차 요인에 대하여 논하시오.

나. 기체의 온도–압력관계

측정 결과를 Excel 프로그램을 사용하여 'T vs. P'에 대한 그래프를 그려 비교하고, 오차 요인에 대하여 논하시오.

다. 이상기체 상태방정식 (예시)

측정 결과인 압력(P)과 온도(T), 그리고 플라스크의 부피(V)를 이용하여 이상기체 상태방정식에 대입하여 디에틸에테르 분자량을 결정하시오.

일반화학실험 2학기 과정

IC-PBL을 위한 일반화학실험

실험 11 물의 성질

이론 및 배경

산소를 제외하고 물은 인간에게 가장 중요한 물질이다. 물은 체중의 2/3를 차지하며, 소화, 순환, 배설, 체온 조절 등의 생리작용에서 없어서는 안 될 역할을 한다. 또한 모든 세포의 활동은 수분이 있는 분위기 중에서 이루어진다. 물은 극성 분자이므로 극성 물질만을 용해시킨다. 따라서 소금과 같은 이온성 물질은 물에 녹지만, 가솔린, 기름 등의 비극성 탄화수소는 물에 녹지 않는다. 물의 표면장력도 물 분자의 극성으로 설명할 수 있다. 표면장력에 의하여 물은 그 표면에 얇고 탄성적인 막을 가지고 있는 것처럼 거동한다. 먼지, 기름, 지방, 공기와 같은 비극성 물질이 물 표면에 접촉되었을 때, 이들은 물 표면의 가상적 탄성막을 뚫고 들어갈 수가 없다. 이 때문에 옷을 세탁하기 위해서는 세제가 필요하고, 지방을 소화시키기 위해서는 담즙이 필요하다. 세제나 담즙은 비극성 물질이 물과 섞이는 것을 도와준다.

또한 물은 염을 구성하는 한 요소가 될 수 있다. 결정 격자 중에 물을 포함하고 있는 염을 수화물이라고 한다. 대부분의 수화물은 실온의 공기 중에서 안정하다. 그러나 어떤 것은 공기 중으로 물 분자가 빠져나가기도 하는데, 수화물로부터 물이 빠져나가 스스로 부서지는 특성을 풍해성(efflorescent)이라고 하며, 반면에 공기 중의 물을 흡수하여 스스로 녹는(dissolving) 특성을 조해성(deliquescent)이라고 한다. 물은 이온성 물질을 잘 용해시키므로 물 속에는 많은 이온이 포함될 수 있다. 경수(hard water)에는 칼슘, 마그네슘, 철 등의 이온이 포함되어 있다. 이들 이온은 비누의 사용을 어렵게 하고 물을 끓였을 때 염의 침전물(boiler scale)로 남게 된다. 경수를 연수(soft water)로 바꾸려면 이들 이온을 제거해야 한다. 물을 연화시키는 장치는 경수 속에 들어 있는 이온들을 나트륨 이온으로 교환시킨다. 따라서 나트륨을 적게 섭취하는 식이요법을 하고 있는 사람은 이러한 방법으로 제조된 연수를 마시는 데 주의해야 한다.

시약 및 실험기구

수돗물, 증류수, 0.1% 염화나트륨(NaCl) 수용액, 0.1% 비눗물 용액, 0.1% 담즙염(bile salt) 수용액, 유황가루, 시험관, 시험관꽂이, NaCl, $CuSO_4 \cdot 5H_2O$, $BaCl_2 \cdot 2H_2O$, $CaCl_2$ anhydrous, $Na_2SO_4 \cdot 10H_2O$, watch glass

실험 방법

가. 표면장력

1. 네 개의 깨끗한 시험관에 다음의 용액을 각각 5mL씩 넣는다: 증류수, 0.1% 염화나트륨, 0. 1% 비눗물, 0.1% 담즙염(bile salt, 가능하면)
2. 이들 시험관을 시험관대에 놓고 각각의 용액 표면에 유황가루 소량을 주의해서 떨어뜨린다.
3. 시험관의 측면을 가볍게 두드려서 나타나는 결과를 관찰하고 이를 기록한다. 유황이 용액 표면을 뚫고 들어가는 것은 어느 용액인가?

나. 결정수 확인

1. 건조된 세 개의 시험관에 다음의 물질들을 각각 2g 정도씩 넣는다: NaCl, $CuSO_4 \cdot 5H_2O$, $BaCl_2 \cdot 2H_2O$
2. Bunsen 버너로 시험관의 밑 부분을 부드럽게 가열한다. 이때 시험관을 수평으로 하여 반대쪽 끝(시험관 입구)은 불꽃으로부터 멀리 유지하여, 이 시험관의 찬 부분에 물방울이 생기는지의 여부를 관찰한다(주의: 시험관을 수직으로 세워 불꽃이 시험관을 뒤덮게 되면 시험관 끝 부분에 물방울이 맺히는 것을 관찰할 수 없다).
3. 세 개의 시험관에 응축된 물의 대략적인 양을 기록하고 비교한다.

다. 풍해성과 조해성

$Na_2SO_4 \cdot 10H_2O$과 $CaCl_2$ anhydrous를 약 3g 정도를 측정하여 각각 다른 watch glass에 놓고 이들의 질량을 정확하게 측정한다. 실온의 공기 중에 30분간 방치한 후 이들의 외관적 변화를 관찰하고 질량을 정확하게 측정한다. 두 시료의 변화를 비교한다.

라. 녹아 있는 무기이온의 양

1. 3차 증류수와 수돗물 각각 5mL를 2개의 다른 시험관에 넣고, 1*M* 질산은($AgNO_3$) 용액 3방울을 넣는다.
2. 물 속에 하얀색 침전물이 생기면 염소이온이 존재함을 나타낸다. 존재하는 염소이온의 양을 물이 흐려지는 정도에 따라서 정성적으로 표시할 수 있다. 물이 흐려진 정도를 faint, light, medium, heavy의 4단계 중 하나로 표시한다.

화학실험 보고서

가. 표면장력의 관찰

증류수 염화나트륨 용액

비눗물 담즙염 용액

위의 결과들 중 어느 용액이 가장 낮은 표면장력을 갖는가?

나. 결정수의 관찰

NaCl $CuSO_4 \cdot 5H_2O$

$BaCl_2 \cdot 2H_2O$

다. 풍해성과 조해성

$Na_2SO_4 \cdot 10H_2O$ $CaCl_2$ anhydrous

라. 녹아 있는 무기 이온의 양

3차 증류수 수돗물

실험 12 흡수분광법과 Beer-Lambert의 법칙

이론 및 배경

우리가 육안으로 볼 수 있는 빛의 파장 영역은 가시광선이라 불리는, 대략 400~800nm 영역이며, 이 가시광선 영역 이외의 빛은 다른 실험적인 방법에 의하여 감지된다. 빛의 투과성, 흡수성, 산란성 등을 이용하여 우리는 여러 가지 물질에 대하여 육안으로는 관측할 수 없는 다양한 정보를 얻을 수 있다. 이 실험에서 우리는 기본적인 Beer-Lambert 분광법칙을 확인해보도록 한다. 먼저 염화코발트($CoCl_2$)가 흡수하는 빛의 영역을 확인한 다음, 용액 농도와 흡광도 간의 상관관계를 결정한다.

Beer-Lamber 법칙을 수식으로 나타내면 다음과 같다.

$$A = \varepsilon \cdot c \cdot l$$

여기서 c는 용액의 농도이고, l은 빛이 투과하는 셀의 길이, ε는 몰흡광계수이다. 여기서 몰흡광계수는 시료의 성질과 투과하는 빛의 파장에 의존하는 상수이다. 각 파장(λ)에 대한 빛의 흡광도(A)를 나타낸 그림을 우리는 스펙트럼이라 부른다. 이 실험의 전반부에서 우리는 염화코발트 수용액의 가시광선 스펙트럼을 결정하게 될 것이다.

셀의 길이 l과 몰흡광계수 ε가 일정한 상태에서 특정파장에 대한 흡광도는 용액의 농도와 비례한다. 이러한 흡광도 A와 시료의 농도 c 간의 직선적인 비례 관계를 Beer-Lambert 법칙이라 한다. 이 실험의 후반에서는 농도를 변화시킨 염화코발트 수용액은 Lambert-Beer 법칙을 따른다는 것을 확인하게 될 것이다.

실험방법

가. 0.20M, 0.10M, 0.05M, 0.02M의 $CoCl_2 \cdot 6H_2O$ 수용액 제조

1. 4.8g 의 $CoCl_2 \cdot 6H_2O$를 건조된 100mL 비커에 넣고 약 50mL의 물을 넣어 완전히 녹인다.

2. 이 용액을 100mL volumetric flask에 따른 후, 비커를 적은 양의 물로 헹구어 volumetric flask에 따른다.
3. Volumetric flask에 물을 더 첨가하여 정확히 100mL의 눈금에 맞춘 다음 잘 교반한다.
4. 위에서 만든 0.20M $CoCl_2$ 용액 50mL를 취해서 또 다른 100mL volumetric flask에 넣고 증류수 50mL를 넣어 희석하여, 0.10M $CoCl_2$ 용액을 만든다.
5. 위에서 만든 0.10M $CoCl_2$ 용액 50mL를 취해서 또 다른 100mL volumetric flask에 넣고 증류수 50mL를 넣어 희석하여, 0.05M $CoCl_2$ 용액을 만든다.
6. 위에서 만든 0.20M $CoCl_2$ 용액 10mL를 취해서 또 다른 100mL volumetric flask에 넣고 증류수 90mL를 넣어 희석하여, 0.02M $CoCl_2$ 용액을 제조한다.

나. 농도를 알고 있는 $CoCl_2$ 수용액의 스펙트럼 측정

1. 깨끗한 5개의 UV셀을 준비한다.
2. 하나의 UV셀에 증류수를 1/2쯤 담고 흔들어 헹구어 버린다. 이 과정을 2~3회 반복하고 깨끗한 증류수를 UV셀의 4/5 정도 담는다. UV셀 겉 표면을 킴테크 휴지를 사용하여 깨끗하게 닦아낸다(UV셀 겉 표면에 이물질이 묻어 있을 경우 스펙트럼 측정에 오류가 생길 수 있다).
3. 또 하나의 UV셀을 준비하여 증류수를 1/2 정도 담고 흔들어 헹구어 버린다. 위에서 만든 0.20M $CoCl_2$ 용액을 UV셀에 1/3 정도 담아서 흔들어 헹구어 버린다. 0.20M $CoCl_2$ 용액을 사용하여 2~3회 헹구어 내고 UV셀의 4/5 정도를 담고, 겉 표면을 킴테크 휴지를 사용하여 깨끗하게 닦아낸다. (UV셀 겉 표면에 이물질이 묻어 있을 경우 스펙트럼 측정에 오류가 생길 수 있다.)
4. 0.10M, 0.05M, 0.01M 각각의 $CoCl_2$ 용액에 대해 3번 과정을 수행하여 각각의 UV셀을 준비한다.
5. UV 분광기의 덮개를 열고 준비한 증류수, 0.20M, 0.10M, 0.05M, 0.01M $CoCl_2$ 용액이 담긴 UV셀을 8개의 셀 홀더의 아래부터 순서대로 넣는다(UV셀의 반투명한 부분을 손으로 잡고 투명한 부분이 빛이 투과되는 방향과 일치되도록 주의해서 넣는다).
6. 준비된 UV분광기의 parameter들을 설정하고 증류수가 담긴 UV셀을 특정 위치에 놓고, 'baseline' 측정 아이콘을 클릭하여, baseline을 측정한다(baseline을 측정

하면 화면에 아무런 스펙트럼이 나타나지 않는다).

7. UV셀의 위치를 변경하여, 0.20*M*, 0.10*M*, 0.05*M*, 0.01*M* $CoCl_2$ 용액에 대하여 UV 스펙트럼을 측정한다.

다. 미지 용액의 농도 계산

1. 위에서 측정한 0.20*M*, 0.10*M*, 0.05*M*, 0.01*M* $CoCl_2$ 용액에 대한 UV 스펙트럼으로부터 최대 흡수 파장을 결정하여, 각각의 용액의 몰 농도에 대한 흡광도를 기록한다.
2. Beer-Lambert 법칙을 사용하여 $CoCl_2$의 몰 흡광계수를 계산한다.
3. 준비된 미지 용액을 위와 같은 방법을 사용하여 UV 스펙트럼을 측정하고 최대 흡수파장의 흡광도를 기록한다.
4. 위에서 계산한 $CoCl_2$의 몰 흡광계수를 사용하여 미지 용액의 농도를 결정한다.

화학실험 보고서

가. 제조한 용액들의 농도 비교

제조한 용액을 각각의 UV셀에 넣고 테이블 위에 나란히 놓는다. 이들을 사진 찍어 색깔 비교하고 사진을 결과 보고서에 첨부한다.

나. 각 농도별 $CoCl_2$ 용액의 스펙트럼 측정

최대 흡수 파장: ____________ nm

농도	0.20*M*	0.10*M*	0.05*M*	0.02*M*
흡광도				

$CoCl_2$의 몰 흡광 계수: ____________

라. 미지 용액의 농도 결정

최대 흡수 파장에서 미지 용액의 흡광도: ____________

Beer-Lambert 법칙을 이용해 계산한 미지 용액의 농도: ____________ *M*

생각해보기

만일 용액이 Beer-Lamber 법칙을 따른다고 가정할 때 하나의 농도에 대한 흡광도를 측정한 다음, 그 점과 원점을 이어서 직선을 결정하는 것보다 여러 농도에 대한 흡광도를 측정하여 그래프를 그리는 것이 왜 더 나은지 설명하시오.

UV 스펙트럼 측정 시 스펙트럼에 영향을 줄 수 있는 다른 요인은 어떤 것이 있을지 조원과 토의를 통해 찾아보시오.

실험 13 어는점 내림과 분자량

이론 및 배경

액체를 천천히 냉각시키면, 액체의 온도는 액체가 고체로 변화하기 시작할 때까지 내려간다. 액체가 고체로 변화하기 시작하면 온도는 더 이상 내려가지 않고 액체가 완전히 고체로 변화할 때까지 일정한 온도를 유지한다. 이 일정한 온도가 어는점이다. 순수한 액체의 어는점에서는 액체상과 고체상이 평형으로 존재한다. 순수한 용매에 비휘발성 용질이 녹아있으면 이 용액의 어는점은 순수한 용매의 어는점보다 낮아진다. 용액의 어는점이 순수한 용매의 어는점에 비교하여 얼마나 낮아지는가는 용매의 어는점 내림 상수(K_f)와 용질의 몰랄농도(용매 1kg 속에 녹아 있는 용질의 몰수)에 의하여 결정된다. 따라서 어는점 내림으로부터 용액 중에 존재하는 용질의 입자 수를 알아낼 수 있고, 녹아 있는 용질의 질량을 알고 있으면 용질 분자의 분자량을 계산할 수 있다. 용액에서 녹아 있는 용질의 종류가 아니라 용질의 입자 수에만 의존하는 성질을 '용액의 총괄성'이라 부르고, 이러한 성질에 해당하는 다른 예로는 '증기압력 내림, 끓는점 오름, 삼투압 현상' 등이 있다.

비휘발성 용질이 순수한 용매에 녹아 있을 때, 어는점 내림(ΔT)은 다음의 식으로 나타낼 수 있다.

$$\Delta T_f = K_f \times m_{용질}$$

여기에서 어는점 내림 상수 K_f는 주어진 용매가 가진 상수이고, $m_{용질}$은 용질의 몰랄농도이다. 용질의 몰랄농도($m_{용질}$)는 용매 1kg당 녹아 있는 용질의 몰수($n_{용질}$)로 정의되고, 이를 사용하여 용질의 분자량($M_{용질}$)은 몰랄농도($m_{용질}$), 용매 질량($w_{용매}$, g), 용질 질량($w_{용질}$, g)을 이용하여 아래와 같은 수식으로 표현할 수 있다.

$$m_{용질} = \frac{용질의\ 몰수(n_{용질})}{용매의\ 질량(1\,kg)} = \frac{w_{용질} \times 1000\,g/kg}{M_{용질} \times w_{용매}}$$

$$M_{용질} = \frac{w_{용질} \times 1000\,g/kg}{m_{용질} \times w_{용매}}$$

본 실험에서는 나프탈렌에 녹아 있는 미지 물질에 대한 어는점 내림을 측정하여 미지 물질의 분자량을 결정한다. 냉각곡선(cooling curve)법에 의하여 처음에는 순수한 나프탈렌의 어는점을 측정하고, 다음에 미지 물질이 녹아 있는 나프탈렌 용액의 어는점을 측정하게 된다. 나프탈렌 용액의 어는점은 나프탈렌 1kg에 녹아 있는 용질 1 mol당 6.85℃ 씩 낮아진다. 즉 나프탈렌의 어는점 내림 상수는 6.85℃·kg/mol이다. 그리고 어는점 내림과 실험에 사용한 용매의 질량과 용질의 질량을 이용하여 미지 물질의 분자량을 계산한다.

시약 및 실험기구

나프탈렌, 600mL 비커(water bath용), 온도계, 시험관 젓개, 고무마개, 시험관, 미지 시료, MBL 시스템, PT 온도센서

실험 방법

가. 나프탈렌의 어는점 결정

1. MBL 시스템(ScienceCube)의 interface와 PT 온도센서를 연결하고 노트북을 켠다.
2. 바탕화면에 있는 'Science # for window' 프로그램을 실행하고 '실험설정' 메뉴에서 '자동측정'을 선택하고 측정 간격을 '1초'로 설정한다. 실험 시작 아이콘을 클릭해서 온도 센서가 정상 작동하는지 확인한다.
3. 깨끗한 빈 100mL 비커의 무게를 측정하고, 15.0g 정도의 나프탈렌을 넣어 전체의 질량을 측정한다. Powder funnel을 사용하여 시험관에 나프탈렌을 넣고 비커의 무게를 측정한다. 비커 무게의 차이를 이용하서 시험관에 넣은 나프탈렌의 정확한 무게를 계산한다.
4. 그림과 같이 600mL 비커에 물을 400mL 정도 넣어 물중탕 준비를 하고, 고무마

개에 온도계, PT 온도센서 및 교반기를 끼우고 시험관에 꽂는다.

5. 시험관을 물중탕을 통해 가열하고 나프탈렌을 저어주면서 온도계로 온도 변화를 관찰한다.
6. 나프탈렌이 완전히 녹는 온도를 온도계로 확인한다.
7. MBL 프로그램을 이용하여 매 1초마다 온도를 측정을 시작한 후 스텐드와 시험관을 들어 물중탕으로부터 꺼내 시험관 젓개로 교반한다(너무 세게 저으면 고무마개로부터 고무 조각이 떨어질 수 있으니 적당하게 젓는다).
8. 온도가 일정하게 유지되는 구간을 확인하고 온도를 기록한다.
9. 실험이 완료된 후에 '실험정지'를 눌러서 측정을 멈춘다.
10. 나프탈렌의 냉각 곡선을 리포트에 그려 기록한다.

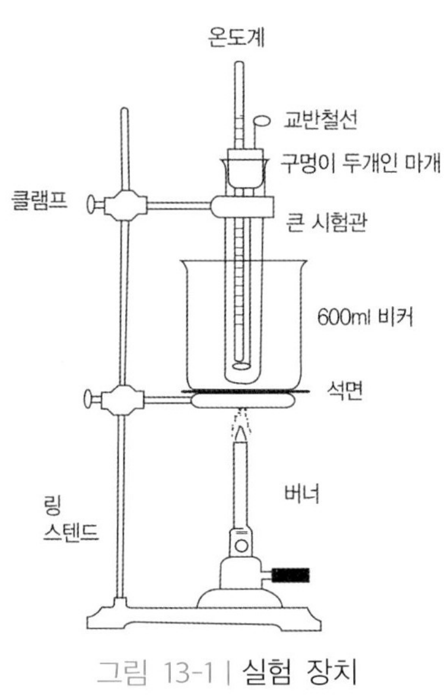

그림 13-1 | 실험 장치

나. 나프탈렌 속에 녹아 있는 미지 물질의 분자량 결정

1. 미지시료 2.0g 정도를 weighing paper위에 칭량하여 질량을 정확하게 측정하고, 위에서 실험에 사용한 시험관 속에 첨가한다.
2. 교반기, 고무마개, 온도계, PT 온도센서를 장착하고 시험관을 물중탕을 사용하여 가열한다.
3. 시료를 계속 저어주면서 온도 변화를 온도계로 관찰한다.
4. 시료가 완전히 녹는 온도를 온도계로 관찰한다.

5. MBL 프로그램을 이용하여 매 1초마다 온도를 측정을 시작한 후 스텐드와 시험관을 들어 물중탕으로부터 꺼내 시험관 젓개로 교반한다(너무 세게 저으면 고무마개로부터 고무 조각이 떨어질 수 있으니 적당하게 젓는다).
6. 냉각되는 온도가 수평에 비슷하게 유지되다가 다시 급격하게 변하게 되는 구간까지 젓개를 저어가며 온도를 측정한다.
7. 나프탈렌의 응고가 완전히 끝나면 '실험정지'를 눌러서 측정을 멈추고, 액체상과 고체상이 평형을 유지하기 시작한 온도와 전체적으로 고체상으로 모두 변화된 온도를 기록한다.
8. 혼합물의 냉각 곡선을 리포트에 그려 기록한다.
9. 측정된 냉각곡선을 이용하여 어는점을 결정하고, 나프탈렌의 ΔT_f 값과 미지 물질에 대한 분자량을 계산한다.

주의 사항

화재 위험이 있는 버너가 넘어지지 않도록 안전하게 측정 장치를 설치한다.
가열을 시작하여 가열 장치가 완전히 식을 때까지 주위가 뜨거우므로 화상에 주의한다.

화학실험 보고서

가. 순수한 나프탈렌의 어는점

- 냉각곡선 작성

	측정 값
나프탈렌의 질량 ($w_{용매}$, g)	
나프탈렌의 어는점(T_1, ℃)	

나. 나프탈렌 혼합물의 어는점

- 냉각곡선 작성

	측정 및 계산값
나프탈렌에 녹은 미지물질 질량 ($w_{용질}$, g)	
미지물질의 몰랄 농도 ($m_{용질}$, mol/kg)	
혼합물의 어는점 (T_2, ℃)	
어는점 내림, $\Delta T_f = T_1 - T_2$ (℃)	
나프탈렌 어는점 내림상수 (K_f, ℃·kg/mol)	
미지물질의 분자량 (g/mol)	

실험 14 반응속도론: I^- 이온에 대한 $S_2O_8^{2-}$ 이온의 반응속도

이론 및 배경

화학반응속도론은 화학반응의 속도를 측정하여 연구하는 학문이다. 이것은 반응물의 소멸속도 또는 생성물의 생성속도를 측정해서 알아낸 속도 상수를 연구해서 반응 메커니즘을 연구한다. 따라서 다음과 같은 가상적인 반응에 대한 반응 속도는 대체로 반응물인 A 또는 B의 소멸속도를 측정하거나 생성물인 C 또는 D의 생성속도를 측정하여 연구할 수 있다.

$$A + B \rightarrow C + D \tag{14-1}$$

실험적으로 이러한 소멸속도는 반응물이 혼합된 후, 시간에 따른 A 농도의 감소를 측정한다. 또한 시간에 따른 B 농도의 감소로부터 B의 소멸속도를 알 수 있고, C나 D의 생성속도는 시간에 따른 C나 D 농도의 증가로부터 측정할 수 있다. 다음과 같은 속도식(rate law, 14-2)을 통해 반응물의 농도에 대해 반응 속도가 어떻게 의존하는지 알 수 있다. 간단한 반응에서 시간이 지남에 따라 반응물의 농도가 감소하기 때문에 실제 반응 속도도 감소하게 된다. 위의 반응식(17-1)에서 A의 소멸속도는 A와 B가 혼합된 후, t시간에서 다음과 같이 표현된다.

$$\text{반응 속도}\,(rate) = -\frac{dA}{dt} = k[A]^m[B]^n \tag{14-2}$$

여기서 [A]와 [B]는 각각 반응물 A와 B의 몰농도(*M*)를 의미한다. 위 식(14-2)에서 반응속도는 A 농도의 m승과 B 농도의 n승의 곱에 비례한다. 비례상수 k는 반응속도상수(rate constant) 또는 반응속도계수(rate coefficient)라 하는데, 이 값은 온도나 촉매의 존재 여부에 따라 달라지지만 A나 B의 농도에는 무관하다. 만약 반응이 어떤 조건

의 온도와 촉매 하에서 일어난다면, *k*의 값은 일정한 값을 가지게 된다. *m, n*은 반응물에 대한 반응 차수(order)이며, 이들의 합은 전체 반응 차수(overall reaction order)가 된다. 반응 차수(*m, n*)와 속도상수(*k*)는 실험을 통해서만 구할 수 있다. 위의 속도식(14-2)은 전체 분자반응식(14-1)에 대한 속도식이기 때문에 *m*과 *n*은 정수 또는 정수가 아닌 수도 가능하다. 위의 속도 법칙(14-2)에서 A와 B는 반응 처음에 넣은 초기 농도이다. 이 실험에서는 수용액에서 다음과 같은 반응에 대한 반응속도를 연구하게 된다.

$$S_2O_8^{2-}(aq) + 3I^-(aq) \rightarrow I_3^-(aq) + 2SO_4^{2-}(aq) \qquad (14\text{-}3)$$

이 반응은 반응물이 모두 같은 상(phase)이므로 균일 반응이라 한다. 이 실험에서 구해야 할 첫째 문제는 반응속도가 반응물인 $S_2O_8^{2-}$와 I^-의 농도에 의해 어떻게 영향을 받게 되는지를 결정하는 데 있다(반응 차수를 결정한다). 만약 $S_2O_8^{2-}$의 소멸속도, 즉 시간에 따른 $S_2O_8^{2-}$의 농도변화($-d[S_2O_8^{2-}]/dt$)에 대한 반응속도를 이용한다면, 실험적으로 얻을 수 있는 *m, n, k*의 값을 적용하여 다음과 같이 속도 법칙을 나타낼 수 있다.

$$-\frac{d[S_2O_8^{2-}]}{dt} = k[S_2O_8^{2-}]^m[I^-]^n \qquad (14\text{-}4)$$

반응물 $S_2O_8^{2-}$에 대한 반응 차수 *m*을 결정하기 위해 I^-의 농도를 일정하게 하고 $S_2O_8^{2-}$의 농도 변화에 따른 속도의 변화를 조사해야 한다. 이번 실험에서는 이와 같은 실험을 위해 아래의 반응을 추가로 고려하여 실험을 진행한다. 위의 반응식(14-3)에 나타나 있는 화학종들 중에서 색깔을 띠는 화학종은 오직 I_3^-이다. 따라서 위의 반응물 용액을 섞게 되면 바로 생성물인 I_3^-가 생성되어 용액이 연노랑색을 띠다가 점점 진해져서 적갈색의 용액으로 변하게 된다. 우리는 이런 색깔 변화를 분광기를 사용하여 속도를 측정 할 수 있으나, 본 실험에서는 우리가 직접 속도를 측정해 보기 위해 색깔을 띠는 I_3^- 생성물을 빠르게 분해하여 다시 무색의 I^- 이온으로 바꿔주는 $S_2O_3^{2-}$를 반응마다 일정량을 넣어 이 화학종이 다 소모될 때까지의 시간을 측정하여 반응 속도를 결정할 수 있다.

$$I_3^-(aq) + 2S_2O_3^{2-}(aq) \rightarrow 3I^-(aq) + S_4O_6^{2-}(aq) \qquad (17\text{-}5)$$

이 반응은 $S_2O_8^{2-}$와 I^- 의 반응(식 14-3)보다 훨씬 빠르게 일어난다. 따라서 이번 실험에서 고려하고 있는 위 두 개의 반응들 중 $S_2O_8^{2-}$과 I^-의 반응(14-3)이 본 실험에서 속도 결정 단계가 된다. 반응 속도를 측정하기 위한 반응물 용액 속의 비교적 적은 양(5×10^{-5} *M*)의 $S_2O_3^{2-}$를 첨가면, 반응물인 $S_2O_8^{2-}$과 I^-가 반응함으로써 생성물 I_3^-(적갈색)가 생성되겠지만, I_3^-는 $S_2O_3^{2-}$와 빠르게 반응하여 $S_4O_6^{2-}$를 만들면서 I^-(무색)로 되돌아가게 될 것이다. 용액 속에 첨가한 5×10^{-5} M의 $S_2O_3^{2-}$가 다 소모되어야만 용액 속에는 검출할 수 있을 정도의 I_3^-가 남게 되기 시작할 것이다. 이 용액에 약간의 녹말을 가해면 I_3^-의 존재를 쉽게 확인할 수 있다. 녹말은 I_3^-와 반응하여 진한 검푸른 색의 용액을 만든다. 이 반응은 예비 실험에서 관찰하게 된다. 실험 과정에 있는 표에 나와 있는 것처럼 세 가지 다른 농도의 $S_2O_8^{2-}$ 또는 I^-를 사용하여 이 반응을 진행한다. 이때 두 개의 실험에서는 $S_2O_8^{2-}$의 농도가 동일하다. 이 두 실험의 결과를 통해 반응물 I^-의 반응 차수를 구하게 된다. 두 개의 실험에서는 I^-의 농도가 동일하다. 이 두 실험의 결과를 통해 반응물 $S_2O_8^{2-}$의 반응 차수를 구할 수 있다. 이런 과정을 통해 반응물인 $[S_2O_8^{2-}]$와 $[I^-]$의 반응 차수를 구한 후, 세 개의 실험 중 한 개의 실험을 정해, 이때 사용한 반응물들의 농도를 속도 법칙에 대입하여 최종적으로 속도 상수를 구할 수 있다. 본 실험에서 준비한 반응물들의 용액의 양을 모두 동일하다. 또한 용액들의 온도 및 다른 반응 조건들도 동일하게 준비를 해야 실험 결과가 반응물의 농도 변화에 따른 속도 변화를 보여 주게 된다. 실험 준비 과정에서 반응물 용액들을 시약병으로부터 피펫을 사용하여 부피를 정확하게 칭량하여 비커에 넣어 실험 준비를 해야 한다.

시약 및 실험기구

스톱워치, 0.20*M* KI 용액, 0.050 *M* $Na_2S_2O_3$(0.2% 녹말 포함, 없어도 실험 진행 가능), 0.20*M* KNO_3 용액, 0.10*M* $(NH_4)_2S_2O_8$ 용액, 0.10*M* $(NH_4)_2SO_4$ 용액, 10mL 피펫, 피펫 벌브, 100mL 비커, 50mL 비커, spatula(젓개용).

실험 방법

가. 예비실험

1. 5mL의 KI 용액을 시험관에 넣고 10mL의 증류수를 넣어 묽힌 후, 시험관 한쪽을 막고 잘 흔들어 섞는다. 5mL의 $(NH_4)_2S_2O_8$ 용액을 넣고 시간에 따른 색깔 변화를

관찰한다.

2. 1번 실험을 반복하되, KI 용액에 4방울의 녹말 용액을 떨어뜨린 후 $(NH_4)_2S_2O_8$ 용액을 넣고 시간에 따른 색깔 변화를 관찰한다.
3. 5mL의 KI 용액을 시험관에 넣고 10mL의 증류수를 넣어 묽히고, 4방울의 녹말 용액과 4방울의 $Na_2S_2O_3$ 용액을 가하여 시험관 한 쪽을 막고 잘 흔들어 섞는다. $(NH_4)_2S_2O_8$ 용액 5mL를 넣고 시간을 측정하며 색깔이 변화될 때까지 관찰한다.

나. 반응속도 실험

1. 다름 표 14-1에 나와 있는 대로 용액을 준비한다. A항에 있는 용액들은 깨끗한 100mL 비커에 준비하고, B항에 있는 용액들은 50mL 비커에 준비한다. 용액들을 준비할 때, 각 용액들에 대해 따로 피펫을 준비하고 혼용하지 않도록 주의한다(피펫 벌브를 장착한 피펫을 거꾸로 들면 용액이 피펫 벌브 속으로 들어가 피펫 벌브 안이 오염되어 피펫 벌브를 다른 피펫으로 바꿔 사용할 때 용액이 오염되어 실험 결과가 정상적으로 나오지 않을 수 있으니 주의한다). 준비한 6개의 용액을 실험별로 잘 정렬하여 테이블 위에 놓고 5분간 기다려 온도 평형을 만든다.

표 14-1 | 반응속도 실험을 위한 준비 용액들

	A 용액	A + B 혼합 용액에서의 몰농도	B 용액	A + B 혼합 용액에서의 몰농도
실험 1	10.0mL KI (0.20*M*) 10.0mL KNO_3 (0.20*M*) 10.0mL $Na_2S_2O_3$ (0.050*M*)	0.040*M* 0.010*M*	20mL $(NH_4)_2S_2O_8$ (0.10*M*)	0.040*M*
실험 2	20.0mL KI (0.20*M*) 10.0mL $Na_2S_2O_3$ (0.050*M*)	0.080*M* 0.010*M*	20mL $(NH_4)_2S_2O_8$ (0.10*M*)	0.040*M*
실험 3	20.0mL KI (0.20*M*) 10.0mL $Na_2S_2O_3$ (0.050*M*)	0.080*M* 0.010*M*	10mL $(NH_4)_2S_2O_8$ (0.10*M*) 10.0mL $(NH_4)_2SO_4$ (0.10*M*)	0.020*M*

2. 용액의 온도를 측정하여 기록한 후, 스톱워치를 시작한다. 실험 1의 B용액을 A용액의 비커에 붓고, spatula를 사용하여 3초간 젓는다. 이때 B용액을 붓는 순간의 시간을 스톱워치 시계로부터 읽고 기록한다(실험 1의 반응이 시작되었다).

3. 실험 1을 시작한 후 바로 실험 2의 B용액을 A용액의 비커에 붓고, spatula를 사용하여 3초간 젓는다. 이때 B용액을 붓는 순간의 시간을 스톱워치 시계로부터 읽고 기록한다(실험 2의 반응이 시작되었다).
4. 실험 2를 시작한 후 바로 실험 3의 B용액을 A용액의 비커에 붓고, spatula를 사용하여 3초간 젓는다. 이때 B용액을 붓는 순간의 시간을 스톱워치 시계로부터 읽고 기록한다(실험 3의 반응이 시작되었다).
5. 실험 1, 2, 3의 혼합 용액을 잘 관찰한다. 용액에서 색 변화가 일어나기 시작한 순간의 시간을 스톱워치로부터 읽어 기록한다. 모든 용액의 색 변화가 일어날 때까지 관찰한다.

주의 사항

1. 두 용액을 섞을 때 용액을 흘리지 않도록 주의하고, 용액의 색깔이 무색에서 옅은 노랑색이 나타나기 시작할 때까지의 시간을 정확히 초 단위로 측정한다.
2. 용액을 준비할 때 피펫을 용액별로 따로 준비한다. 피펫이 혼용되지 않도록 잘 확인하여 사용한다. 테이블에 준비된 stock solution이 오염되었을 때는 조교 또는 담당 교수에게 알려 용액을 새로 준비해 실험을 준비한다.

화학실험 보고서

가. 예비 실험

1. 예비 실험 과정 1에서 나타난 용액의 색깔을 쓰시오. ________________
2. 예비 실험 과정 2에서 나타난 용액의 색깔을 쓰시오. ________________
3. 예비 실험 과정 3에서 혼합 용액이 색깔을 나타내기 까지 걸린 시간을 쓰시오.

__________ s

나. 반응속도 실험

실험 번호	반응 시간 (sec)	혼합 용액에서의 $[I^-]$ (M)	혼합 용액에서의 $[S_2O_8^{2-}]$ (M)	반응속도 (M/sec)
1				
2				
3				

표에서 반응시간은 두 용액을 혼합한 후부터 시간이 지나 색깔이 나타나기 시작하기까지 걸린 시간을 기록하고, 혼합용액에서의 $[I^-]$와 $[S_2O_8^{2-}]$는 혼합용액 속 I^-와 $S_2O_8^{2-}$ 이온의 초기 농도를 기록한다. 반응속도는 농도 변화량을 반응시간으로 나누어 계산할 수 있다. 여기서 농도 변화량은 각 실험에서 같은 양을 사용한 $S_2O_3^{2-}$이온의 초기 농도의 반이다. 왜냐하면 3개의 I^-이온과 1개의 $S_2O_8^{2-}$이온이 반응하여 진한 갈색의 I_3^-이온 1개를 형성한다(반응식 14-3). 하지만 용액 속에 존재하는 $S_2O_3^{2-}$이온 2개가 형성된 I_3^- 이온 1개와 반응하여 원래의 반응물인 3개의 I^-이온으로 되돌리게 된다. 따라서 용액의 색이 무색을 유지하고 있다는 것은 아직 용액 속에 $S_2O_3^{2-}$이온이 존재하여 생성되는 I_3^- 이온 바로 분해하고 있는 것이다. 최종적으로 용액 속에 $S_2O_3^{2-}$이온이 모두 사라지게 되면, 용액이 색깔을 띠기 시작하세 된다. 여기서 각 실험에서 0.05M $Na_2S_2O_3$ 용액을 10mL씩 넣었기 때문에 혼합 용액에서는 0.01M이 되고 생성된 I_3^-이온과는 2:1 반응을 하기 때문에 반응시간동안 생성된 I_3^-이온의 농도는 0.005M이 된다. 만들게 된다. 반응속도는 이 생성된 I_3^-이온의 농도와 반응시간을 이용해서 구하면 된다.

1. 위 실험 결과로부터, $[I^-]$가 변화하면 반응속도에 어떤 변화가 나타나는가?
2. 또한 $[S_2O_8^{2-}]$가 변화하면 반응속도에 어떤 변화가 나타나는가?
3. 위의 결과를 이용하여 본 실험에 대한 반응속도 법칙을 쓰시오.
4. 결정한 반응속도 법칙에 $[I^-]$와 $[S_2O_8^{2-}]$의 값을 대입하여 반응속도 상수 k값을 계산하시오.

   k =

실험 15 지시약과 pH

이론 및 배경

본 실험의 목적은 지시약의 색 변화를 관찰하여 비색계를 완성하고, 이를 이용하여 아세트산 수용액의 pH 측정한다. 또한 이를 이용하여 해리상수 값을 결정하는 것이다. pH는 용액의 수소 이온의 농도($[H^+]$) 또는 하이드로늄 이온의 농도($[H_3O^+]$)를 1~14 사이의 수치를 이용하여 간단히 나타내는 방법으로, 상용로그 함수인 pH= $-\log[H^+]$ 또는 pH= $-\log[H_3O^+]$로 정의된다. 완충용액(buffer solution)은 약산과 그 약산의 짝염기, 혹은 약염기와 그 약염기의 짝산이 들어있는 용액으로, 강산이나 강염기가 첨가되어도, pH 변화를 최소화 시켜주는 용액이다.

지시약(Indicator)은 용액의 pH를 색 변화로 알려주는 시약으로, 약산 또는 약염기 화합물로 이루어져 있고, 수용액 속에서 일부가 해리하여 산-염기 쌍으로 존재한다. 서로 짝을 이루는 지시약 산-염기 물질의 농도 비에 따라 용액의 색을 변화시키는 시약이다. 약산인 지시약(HIn)에 대한 해리 평형 반응식과 해리 상수식은 다음과 같다.

$$\underset{\text{(색-A)}}{HIn} + H_2O \rightleftarrows \underset{\text{(색-B)}}{H_3O^+ + In^-} \quad ; \quad K_{In} = ([H_3O^+][In^-])/[HIn]$$

지시약의 색은 $[In^-]/[HIn]$에 의하여 결정되며 $[In^-]/[HIn] = K_{In}/[H_3O^+]$이므로 높은 $[H_3O^+]$에서는 HIn의 색-A가 나타나고, 낮은 $[H_3O^+]$에서는 In^-의 색-B가 나타난다. $[In^-] = [HIn]$이면 중간 정도의 색깔이 나타나고, 이때 $[H_3O^+] = K_{In}$이다. 따라서 지시약에 따라 $[In^-] = [HIn]$이 되는 특정한 $[H_3O^+]$의 값(pH)이 존재하고, 이 근처의 pH 값에서는 지시약의 색이 급격하게 변화한다. 실제로 우리가 지시약의 변색을 감지할 수 있는 $[H_3O^+]$는 일정한 범위가 있고, 이를 변색 범위라고 하는데 아래 표와 같이 보통 pH로 나타낸다.

표 15-1 | 지시약과 변색범위

지 시 약	변 색 범 위 (pH)
Thymol blue	1.2 ~ 2.8
Bromphenol blue	3.0 ~ 4.6
Methyl orange	3.2 ~ 4.4
Bromcresol green	3.8 ~ 5.4
Methyl red	4.4 ~ 6.2
Bromcresol purple	5.2 ~ 6.8
Bromthymol blue	6.0 ~ 7.6
Phenol red	6.8 ~ 8.2
Cresol red	7.2 ~ 8.2
Phenolphthalein	8.3 ~ 10.0
Thymolphthalein	9.4 ~ 10.6
Alizarin yellow R	10.0 ~ 12.0
Indigo carmine	11.4 ~ 13.0

수용액에서 약산인 아세트산(CH_3COOH)은 아세트산 음이온(CH_3COO^-)과 하이드로늄 이온(H_3O^+)으로 해리되는 평형을 가지고, 실온에서 산 해리상수(K_a)로 1.8×10^{-5} 값을 갖는다. 또한 용매인 순수한 물도 자체 이온화 과정을 통하여 극소량의 수산화 음이온(OH^-)과 하이드로늄 이온(H_3O^+)으로 해리되고, 25℃에서 자체 이온화 해리상수(K_w)로 1.0×10^{-14} 값을 가진다. 평형상수 값은 온도에 의존하는 함수로 온도 변화에 따라 값이 달라진다. 아세트산 수용액에서 일어나는 해리 평형 반응식과 해리 상수식은 다음과 같다.

(아세트산의 해리 반응) $CH_3COOH + H_2O \rightleftarrows CH_3COO^- + H_3O^+$

(아세트산의 해리 상수식) $$K_a = \frac{[CH_3COO^-][H_3O^+]}{[CH_3COOH]}$$

(물의 자체 이온화 반응) $H_2O + H_2O \rightleftarrows H_3O^+ + OH^-$

(물의 자체 이온화 상수식) $$K_W = [H_3O^+][OH^-]$$

아세트산 수용액의 pH를 측정하면 $[H_3O^+]$를 계산할 수 있고, K_w와 비교했을 때, 아세트산의 K_a가 크기 때문에 $[CH_3COO^-] \cong [H_3O^+]$로 근사가 가능하다(물의 자체 이온화에 의해 생성된 $[H_3O^+]$ 값이 너무 작아서 용액 속 전체 $[H_3O^+]$ 값에 영향을 주지 않

는다). 그리고 수용액 중에서 해리하지 않고 남아 있는 아세트산 농도([CH_3COOH])는 초기 아세트산 농도(C_o)에서 [H_3O^+]를 뺀 것과 같으므로 아세트산의 산해리 상수는 다음과 같은 식으로 계산이 가능하다. 일반적으로 C_o의 값이 [H_3O^+]에 비해서 매우 크기 때문에 아세트산 농도([HOAc])는 초기 아세트산 농도(C_o)로 근사하여도 큰 오차가 없다.

$$K_a = \frac{[CH_3COO^-][H_3O^+]}{[CH_3COOH]} = \frac{[H_3O^+]^2}{C_0 - [H_3O^+]} \approx \frac{[H_3O^+]^2}{C_0}$$

시약 및 실험기구

Cell culture plate(홈판), 일회용 스포이드, 완충용액(pH 1~6), 지시약(Thymol blue(TB), Bromophenol blue(BPB), Methyl red(MR), Bromcresol purple(BCP), Bromthymol blue(BTB), Phenol red(PR)), 아세트산(1.0 및 0.01*M*) 용액, MBL 시스템, pH 센서

실험 방법

가. pH에 따른 지시약의 색변화 관찰(비색계 결정)

1. 6×4 Cell culture plate 2개를 준비하여 6×8이 되도록 하얀색의 종이 위에 올려놓는다.
2. 위쪽 6개의 홈 위치에 각 지시약의 이름을 순서대로 쓴다(Thymol blue, Bromophenol blue, Methyl red, Bromcresol purple, Bromthymol blue, Phenol red).
3. 왼쪽 8개의 홈 위치에 완충용액 1~6, 그리고 1.0*M* 및 0.01*M* 아세트산 용액 등 총 8개 용액들의 이름을 쓴다.
4. 먼저 각 완충 용액 1.0mL 정도씩을 가로 줄에 맞춰 넣고 6종류의 지시약을 세로 줄에 맞춰 한 방울씩 떨어뜨리고 살짝 흔들어준다.
5. 각 용액의 색 변화를 관찰하고 기록한다(비색계를 완성한다).

나. 아세트산의 pH 결정

1. 1.0*M* 아세트산 용액과 0.01*M* 아세트산 용액 1.0mL 정도씩을 가로 줄에 맞춰 넣

는다.

2. 위에서 실험한 6종류의 지시약을 세로 줄에 맞춰 한 방울씩 떨어뜨리고 살짝 흔들어준다.
3. 색 변화를 기록하고 이 결과를 이용하여 각 용액의 pH를 결정한다.

다. MBL pH 센서를 이용한 pH 측정

1. MBL 시스템(ScienceCube)의 interface와 pH 센서를 연결하고 노트북을 켠다.
2. 바탕화면에 있는 'Science # for window' 프로그램을 실행하고 pH 센서가 연결되었는지 확인한다.
3. 셀 보관 용액으로부터 pH 센서를 꺼내어 전극을 증류수로 세척한 다음 살짝 털어서 물기를 가볍게 제거한다.
4. pH 7.0 완충 용액을 깨끗한 100mL 비커에 적당량을 덜어낸 후 pH 센서를 담근다. pH 센서 커버 속의 기포를 제거하기 위해 살짝 젓고, 비커에 기대어 놓는다. 프로그램 속 pH 센서 탭에 있는 영점 설정 아이콘을 눌러 창을 연 후 pH 7.0의 값을 보정한다.
5. pH 센서를 꺼내어 증류수로 세척한 다음 물기를 제거한 후 pH 4.0 완충 용액과 pH 10.0 완충 용액에 대해서 위와 같은 방법을 사용하여 pH를 보정한다.
6. 위의 pH 보정을 2~3회 반복하여 정확하게 한다.
7. 1.0M과 0.01M 아세트산 용액을 깨끗한 비커에 각각 적당량 준비한다. pH 센서를 증류수로 세척한 후, 각 용액에 넣고 살짝 흔들어 센서의 안쪽에 있을 수 있는 기포를 제거하고 비커에 기대어 놓는다. 각 용액에 대하여 측정된 pH 값을 읽고 기록한다.
8. pH 센서를 증류수로 꼼꼼히 세척한 후, 물기를 제거하고 셀 보관 용액에 넣어 보관 한다.
9. 측정한 아세트산 용액의 pH를 이용하여 각 용액에 대한 해리 상수를 계산한다.

주의 사항

1. pH 센서 전극은 유리로 구성되어 있으므로 물리적인 충격에 의하여 쉽게 깨지기 쉬우므로 사용할 때 각별한 주의가 요구된다.

2. 정확한 pH 측정을 위해서는 pH 센서 전극을 보관용액에 담겨진 상태로 보관하여야 한다.
3. 새로운 pH를 측정할 때마다 pH 센서를 증류수로 잘 세척하고 물기를 제거하여 서로 다른 용액들이 혼합되는 것을 최소화시켜야 한다.

화학실험 보고서

가. pH에 따른 지시약의 색 변화

완충 용액의 pH	지시약에 따른 색 변화					
	TB	BPB	MR	BCP	BTB	PR
1						
2						
3						
4						
5						
6						

나. 아세트산의 pH 결정

아세트산 용액의 pH	지시약에 따른 색 변화					
	TB	BPB	MR	BCP	BTB	PR
1.0 *M*						
0.01 *M*						

위에서 측정한 색 변화를 통해 결정한 아세트산 용액의 pH

1.0*M* 아세트산 용액 = ____________________

0.01*M* 아세트산 용액 = ____________________

다. pH 센서를 이용한 pH 측정 및 아세트산 해리상수 결정

아세트산 용액의 농도	측정된 pH	$[H_3O^+]$	K_a
$1.0M$			
$0.01M$			

실험 16 산-염기 적정

이론 및 배경

적정은 미지 용액 속에 들어 있는 어떤 성분의 양이나 농도를 결정할 목적으로 농도를 알고 있는 표준 용액을 시료용액에 첨가시키는 과정이다. 일반적으로 적정은 농도를 알고 있는 표준 용액(titrant, 적정용액)을 뷰렛에 채우고 코니컬 비커(또는 삼각플라스크)에 농도를 모르는 시료 용액을 넣은 다음 코니컬 비커에 천천히 떨어뜨려서 당량점(equivalent point)에 도달할 때까지 진행하는 것이다. 당량점은 흔히 지시약이라 부르는 물질을 적정하는 코니컬 비커에 소량 첨가하여 알 수 있는데, 당량점에 도달하게 되면 지시약은 적정용액과 반응하여 색깔을 나타낸다. 이때 색깔이 나타난 지점을 적정의 종말점(end point)이라 부른다. 몇몇 지시약은 처음부터 색깔을 띠고 있다가 종말점에서 다른 색을 나타내기도 하고, 처음에는 무색이었다가 종말점에서 색깔을 나타내기도 한다. 여기서 종말점은 당량점과 매우 유사한 위치로서 적정 용액 한 방울 이내의 차이를 가지도록 지시약을 결정해야 한다. 사용된 적정용액의 부피는 뷰렛으로 측정할 수 있다. 따라서 적정용액의 농도를 알고 있으므로 적정할 때 사용한 적정 용액의 부피를 알면 적정용액 속 표준물질의 몰수를 알 수 있다.

미지 용액 속 성분의 몰수 또는 질량은 이 성분과 표준물질을 포함하는 균형 맞춤 화학반응식을 이용하여 화학양론적(stoichiometry)으로 계산할 수 있다. 만약 농도를 모르는 미지 용액의 몰농도를 계산하려면 적정하기 전에 시료용액의 초기 부피를 측정하는 것이 필요하다. 몰농도는 용액 내에 있는 성분의 계산된 몰수를 측정된 부피로 나눔으로써 알 수 있다. 예를 들어 25mL의 HCl 용액 (시료용액)을 적정하는 데 0.200M NaOH 용액 (적정용액)이 30.2mL 필요하였다면 HCl 용액의 H_3O^+의 몰농도는 얼마인가? 먼저 관련된 화학반응의 알짜반응식은 다음과 같다($Na^+(aq)$와 $Cl^-(aq)$는 활성이 없는 구경꾼 이온이다).

$$OH^-(aq) + H_3O^+(aq) \rightarrow 2H_2O(l)$$

반응에 소요된 OH^-의 몰수는 사용된 부피와 몰농도로 알 수 있다.

$$0.0302(L) \times 0.200(mol/L) = 0.00604(mol)$$

H_3O^+와 OH^-는 1:1 몰 비로 반응하므로 HCl 용액 내에 있는 H_3O^+의 몰수도 0.00604(mol)이다. 따라서 HCl 용액에 존재하는 H_3O^+의 몰농도는 H_3O^+의 몰수를 초기 부피로 나눔으로써 구할 수 있다.

$$0.00604(mol) \ / \ 0.025(L) = 0.242(M)$$

시약 및 실험기구

뷰렛과 뷰렛 홀더를 가진 스탠드(stand), conical 비커, 0.5*M* HCl 표준 용액, NaOH, 페놀프탈레인 지시약, 식초

실험방법

가. 뷰렛을 사용한 산–염기 적정

1. NaOH의 표준화(standardization)
   ① 0.5*M* NaOH 용액을 대략적으로 제조하고 뷰렛에 채운다(뷰렛에 용액을 채우기 전에 NaOH 용액으로 뷰렛을 2번 정도 헹구어 낸다).
   ② 표준물질인 0.5*M* HCl 용액 10mL를 conical 비커에 취한다.
   ③ 페놀프탈레인 지시약을 2-3방울 HCl용액에 넣은 후, NaOH를 천천히 넣기 시작한다(한 방울의 적정 용액으로도 색이 금방 변할 수 있기 때문에 뷰렛의 테플론 콕을 잘 조절하여 적당한 속도로 적정 용액을 넣는다).
   ④ 용액이 연한 분홍색을 띨 때 적정을 멈추고 뷰렛의 눈금을 읽은 후, MV=M'V' 식을 사용하여 NaOH 표준 용액의 정확한 몰농도를 계산한다.
   ⑤ 위의 과정을 2회 더 반복하여 평균치를 계산한다.

2. 식초에 포함된 아세트산의 분석
   ① 뷰렛에 NaOH 용액을 채운다(눈금 확인).

② 피펫을 사용하여 식초를 10mL 취하여 conical 비커에 넣는다.

③ 페놀프탈레인 지시약을 2~3방울을 넣고 NaOH 표준 용액을 사용하여 적정한다.

④ 용액의 색이 연한 분홍색을 띨 때, 적정을 멈추고, 뷰렛의 눈금을 읽은 후 기록한다.

⑤ 위에서 계산 한 방법과 같은 방법을 사용하여 아세트산의 몰농도를 구한다(아세트산과 NaOH는 1:1 몰 비로 반응한다).

⑥ 위의 과정을 2회 더 반복하여 평균치를 계산한다.

⑦ 식초 속 아세트산 평균 몰농도를 이용하여 식초 속 아세트산의 질량 %를 결정한다.

나. pH 센서를 사용한 산–염기 적정 곡선 만들기

1. 강산-강염기 적정 곡선 만들기

① MBL 시스템(ScienceCube)의 interface와 pH 센서를 연결하고 노트북을 켠다.

② 바탕화면에 있는 'Science # for window' 프로그램을 실행하고 pH 센서가 연결되었는지 확인한다.

③ 셀 보관 용액으로부터 pH 센서를 꺼내어 전극을 증류수로 세척한 다음 살짝 털어서 물기를 가볍게 제거한다.

④ 피펫을 사용하여 HCl 표준 용액을 10mL 취하여 깨끗한 conical 비커에 넣는다.

⑤ 증류수를 10mL 정도 넣고 pH 센서를 용액에 넣어 셀이 용액 속에 잠기는 지 확인한다.

⑥ '실험하기' 버튼을 클릭한 후 뷰렛의 테플론 콕을 살짝 열어 초당 2방울 정도 떨어지게 조정한다.

⑦ 노트북 화면에 그려지는 적정 곡선을 확인하고 기록한다.

2. 약산-강염기 적정 곡선 만들기

① 위의 강산-강염기 적정 곡선 실험이 끝나면 pH 센서를 꺼내 증류수로 잘 세척한다.

② 피펫을 사용하여 식초를 10mL 취하여 깨끗한 conical 비커에 넣는다.

③ 증류수를 10mL 정도 넣고 pH 센서를 용액에 넣어 셀이 용액 속에 잠기는지 확인한다.

④ '실험하기' 버튼을 클릭한 후 뷰렛의 테플론 콕을 살짝 열어 초당 2방울 정도 떨어지게 조정한다.

⑤ 노트북 화면에 그려지는 적정 곡선을 확인하고 기록한다.

화학실험 보고서

가. 뷰렛을 사용한 산-염기 적정

1. NaOH 용액의 표준화

	1차 측정	2차 측정	3차 측정
적정에 소요된 NaOH 용액의 부피 (mL)			
HCl 표준용액의 부피 (mL)			
HCl 표준용액의 몰농도 (*M*)			
NaOH 용액의 계산된 몰농도 (*M*)			
NaOH 용액의 평균 몰농도 (*M*)			

2. 식초에 포함된 아세트산의 분석

	1차 측정	2차 측정	3차 측정
적정에 소요된 NaOH 용액의 부피 (mL)			
식초의 부피 (mL)			
NaOH 용액의 평균 몰농도 (*M*)			
식초 속 아세트산의 계산된 몰농도 (*M*)			
식초 속 아세트산의 평균 몰농도 (*M*)			
식초 속 아세트산의 질량 퍼센트 (%)			

나. pH 센서를 사용한 산–염기 적정 곡선 만들기

1. 강산-강염기 적정 곡선을 그리시오.

2. 약산-강염기 적정 곡선을 그리시오.

실험 17 아스피린 합성 및 확인

이론 및 배경

유기화합물인 아세틸살리실산(acetylsalicylic acid)은 아스피린(aspirin)이라는 일반명으로 알려져 있고 진통제나 해열제로서 널리 사용되어 왔다. 이 아스피린의 부작용으로는 혈액이 묽어져 상처가 난 부위에 혈액이 응고되지 않는 현상들이 있다. 현대에는 혈전의 생성을 예방해 심근경색, 뇌경색 등 심혈관 질환을 예방하는 데 사용하기도 한다.

아스피린은 카복시 산과 알코올의 반응에 의해 생성되는 에스테르(ester)로 분류된다.

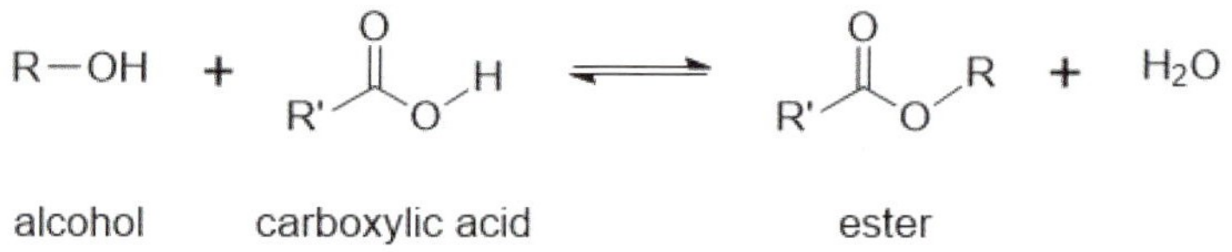

R—OH + R'COOH ⇌ R'COOR + H_2O

alcohol carboxylic acid ester

그림 17-1 | 에스테르화 반응

아스피린은 살리실산(salicylic acid) 분자 내에 있는 알코올 작용기와 아세트산(acetic acid) 분자 내에 있는 카복시 산 작용기(carboxylic acid group)와의 반응에 의해 만들 수 있다.

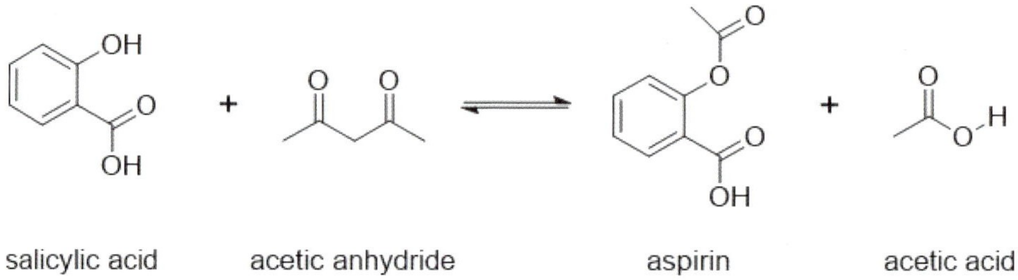

salicylic acid + acetic anhydride ⇌ aspirin + acetic acid

그림 17-2 | 아스피린 합성

아스피린은 살리실산의 아세테이트 에스테르(acetate ester)이다. 살리실산이 가진 알콜 작용기의 H와 아세트산의 OH가 반응하여 물을 만들고 나머지들이 합쳐져서 에스테르, 즉 살리실아세테이트(salicyl acetate)가 만들어지는데 이것이 아스피린이다. 또한 아스피린은 아세틸살리실산이란 이름으로도 사용할 수 있다. 이 화합물의 역사는 1700년대에 시작되었지만 의약품으로서의 중요성과 용도는 전 세계적으로 매년 약 190억 개의 아스피린 정제가 팔린다는 사실만 봐도 잘 알 수 있다. 불행하게도 아스피린은 개인에 따라 다르지만 몇 가지 부작용을 가지고 있다.

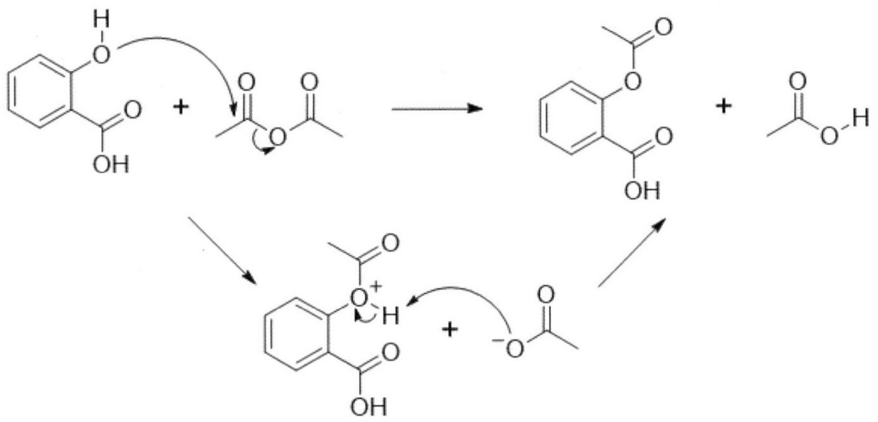

그림 17-3 | 메커니즘

아스피린의 공업적 제조에 있어서 살리실산은 콜타르 또는 석유로부터 얻어지는 페놀(phenol: C_6H_5OH)로부터 합성할 수 있다. 아스피린의 공업적 합성의 마지막 과정은 빙초산에 있는 무수아세트산(acetic anhydride)을 사용하여 살리실산을 살리실아세테이트로 바꾸는 것이다. 본 실험에서는 아스피린의 공업적 합성의 마지막 과정을 적은 양으로 실험한다(본 실험에서 얻어지는 아스피린은 불순물을 포함하고 있으므로 먹을 수 없다).

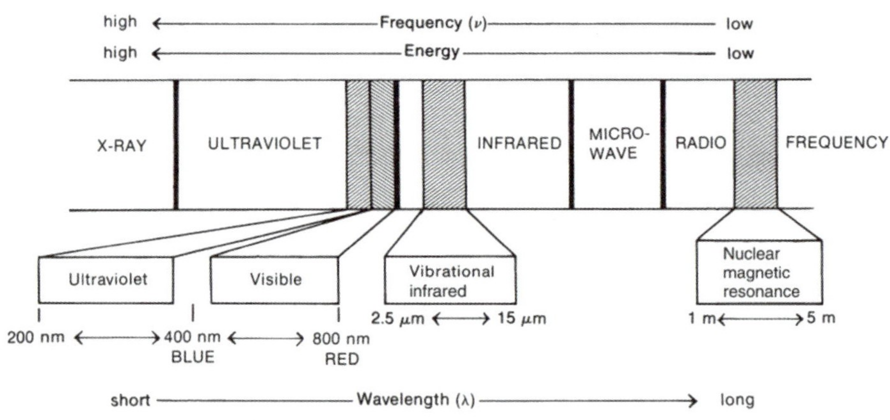

그림 17-4 | 전자기 스펙트럼 영역

물질의 확인을 위한 방법으로는 여러 가지 분광학적인 방법, 즉 X-ray, UV-Vis(자외선-가시광선), IR(적외선), NMR(핵자기공명) 등이 사용된다. 그림 17-4는 파장에 따른 여러 가지 전자기파를 나타내고 있다. 본 실험에서 에스테르화 반응을 통하여 합성된 아스피린이 올바르게 얻어졌는지 확인하기 위해 IR(적외선) 분광기기를 사용한다. 그림 17-5은 작용기에 따른 IR의 흡수 영역을 대략적으로 나타내고 있다.

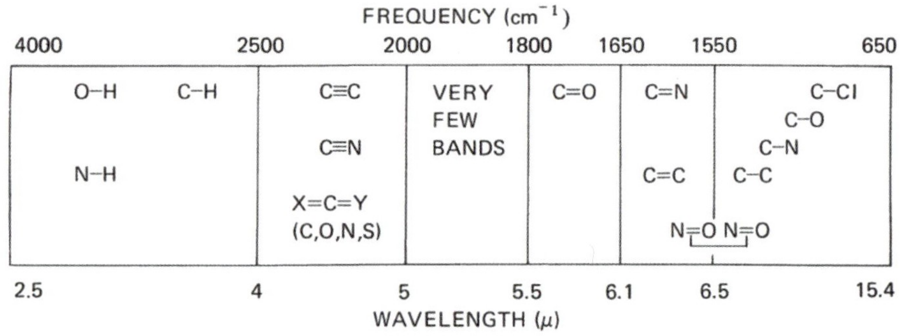

그림 17-5 | 일반적인 작용기에 따른 IR흡수 영역

시약 및 실험기구

Salisylic acid, Acetic anhydride, 진한 황산, 100mL Erlenmeyer flask, Magnetic bar, Magnetic stirrer, Büchner funnel, Filter paper, Adapter, Pipette, Pipette

bulb, 얼음, Filter flask, Pump(Aspirator), Watch glass, Dryer, IR(적외선) 분광기.

실험 방법

1. Salisylic acid를 2.0g 정도를 0.001g 단위까지 측정하여 기록하고, 100mL Erlenmeyer flask에 넣는다.
2. Pipette을 사용하여 Acetic anhydride 4.0mL를 측정하여 flask에 넣은 다음 내용물이 잘 섞이도록 흔들어준다.
3. 진한 황산을 촉매로서 소량 첨가한 후, 교반기를 사용하여 용액이 고체가 생겨 굳어질 때까지 교반한다(만일 용액이 잘 굳지 않으면 조교로부터 더운물을 받아서 물중탕을 한다).
4. 과량의 무수아세트산을 분해하기 위하여 증류수 약 2.0mL를 조심스럽게 첨가한다(보고서에 반응식을 써넣으시오).
5. 증류수 30.0mL를 첨가하고 흔들어 섞는다. 만약 아스피린 결정이 1분 안에 생성되지 않는다면 얼음물 중탕을 사용하여 용액을 차게 유지하면서 spatula로 플라스크 안쪽을 긁어주면 결정을 생성시킬 수 있다. 이와 같은 방법으로 결정화가 진행되고 있을 때에는 플라스크를 얼음 중탕 속에 계속 유지한다.
6. Filter flask 위에 고무 Adapter를 올려놓고, Büchner funnel을 올려놓는다. Filter paper는 Büchner funnel의 지름에 일치되는 것을 사용한다(filter paper의 무게를 미리 측정해놓아야 마지막 단계에서 아스피린 결정의 질량을 계산할 수 있다).
7. 약간의 증류수를 뿌려 Filter paper를 적신다. Filter flask를 pump에 연결시키고 작동시켜 filter paper를 funnel에 밀착시킨다.
8. Erlenmeyer flask 안에 있는 혼합물을 Büchner funnel에 조심스럽게 붓는다. 이때 혼합물을 빠르게 부으면 filter paper가 용액 위로 떠올라 고체 생성물이 funnel을 빠져나갈 수 있다.
9. 차가운 증류수를 사용하여 Erlenmeyer flask 측면에 남아 있는 결정을 씻어내어 거른다. 차가운 증류수 20mL 정도를 사용하여 funnel 위에 걸러진 고체를 씻어내는 과정을 여러 번 되풀이한다. 이 과정을 잘 하지 않으면 걸러진 고체에 Acetic acid와 황산이 남아 코를 자극하는 냄새가 난다.

10. Büchner funnel에서 filter paper를 꺼내어 watch glass 위에 놓는다. 드라이어를 사용하여 아스피린 결정을 말린다.
11. 건조된 아스피린의 결정을 전자저울을 사용하여 0.001g 단위까지 질량을 측정한다.
12. 반응에 대한 수득률을 계산하고 기록한다.
13. 건조된 아스피린을 실험조교의 지시에 따라 IR(적외선) 분광기를 사용하여 스펙트럼을 얻은 후, 출발물질인 살리실산의 스펙트럼과 비교하여 확인하고 보고서에 붙인다.

주의 사항

1. 모든 시약을 다룰 때는 흘리지 않도록 한다.
2. 진한 황산을 사용할 때 용액이 튀지 않도록 주의한다.
3. IR(적외선) 분광기기 사용 시 실험조교의 지시에 반드시 따른다.

화학실험 보고서

사용된 살리실산의 질량	______________	g
사용된 무수 아세트산의 부피	______________	mL
얻어진 아스피린의 질량	______________	g
아스피린의 이론적 수득량	______________	g
아스피린의 % 수득률	______________	%

IR(적외선) 스펙트럼 비교확인 :

생성물질 : 아스피린(부착할 것)

생각해 보기

1. 무수 아세트산의 가수분해 반응식을 쓰시오.
2. 이 실험에서 100% 수득률을 얻는 데 방해가 되는 요소는 무엇인가?
3. 무수 아세트산 대신 알코올을 사용하여 살리실산을 에스테르화 반응을 시켰을 때 일어나는 반응 메커니즘을 쓰시오.

실험 18 크로마토그래피

이론 및 배경

유기화합물을 분리 또는 정제하는 방법으로는 증류법, 추출법, 재결정법 등이 있다. 효소, 호르몬, 또는 다른 생화학적으로 중요한 물질들은 ㎎, ㎍, 또는 ng 등의 아주 적은 양으로 작용하는데, 이러한 미량의 물질을 분리하는 데에는 위의 방법이 적합하지 않다. 이 경우에는 보통 크로마토그래피에 의하여 물질을 분리해낸다. 현재 통상적으로 쓰이고 있는 크로마토그래피에는 몇 가지 방법이 있으나 모든 방법의 근본적인 원리는 같다. 모든 크로마토그래피는 고정상(stationary phase)과 이동상(mobile phase)으로 구성되어 있다. 분리하고자 하는 물질은 용해되어 이동상을 따라 이동하거나 고정상에 흡착된다. 물질이 고정상에 흡착되는 데 시간이 많이 걸릴수록 같은 시간 동안 물질이 이동한 거리는 짧아진다. 이 실험에서는 얇은 층 크로마토그래피(thin layer chromatography, TLC)에 의하여 당류를 분리해내게 된다. TLC에서 고정상은 알루미나(AlO_3) 또는 실리카(SiO_2)의 얇은 층이고 이동상은 유기 용매 혼합물이다. 종이크로마토그래피(paper chromatography)에서는 고정상이 거름종이이고 이동상은 역시 유기 용매 혼합물이다. 액체 혼합물을 분리하는 데 쓰이는 기체-액체 분배 크로마토그래피(gas-liquid partition chromatography, GLPC)에서는 이동상이 기체이며 고정상은 불활성 고체인 지지체(supporting material)에 입힌 액체막이다. TLC는 고체의 분리 또는 확인(identification)에 널리 사용되고 있다. 이 방법에서 물질을 분리하는 데 적당한 조건, 특히 적당한 전개 용매(developing solvent)와 흡착제(adsorbent)가 발견된다면 두 물질로 이루어진 혼합물을 거의 모두 분리할 수 있다. 또한 믿을 만한 표준시료가 있다면 물질의 확인도 가능하다. 구조식이 같은 두 물질(예를 들면 슈크로오스와 프락토오스)의 경우에도 두 물질의 분자 형태가 충분히 다르면 이들을 전개 용매에 의하여 다른 속도로 고체 표면에 흡착시켜 재추출(reextraction)해낼 수 있다. 이 방법은 시료의 양이 극히 미량이고 장치가 간단하며 분석시간이 비교적 짧은 등의 장점이 있다.

TLC를 이용하여 물질에 대한 R_f(Retention time) 값을 알아낼 수 있다. R_f 값은 물

질의 상대적인 이동 속도를 말하며 다음과 같이 구할 수 있다. 또한 R_f 값의 범위는 $0 \le R_f \le 1$이다.

$$R_f = \frac{\text{반점이 이동한 거리}}{\text{전개 용매가 이동한 거리}}$$

시약 및 실험기구

2% 슈크로오스 용액(sucrose solution), 2% 프락토오스 용액(fructose solution), 2% 락토오스 용액(lactose solution), 미지 물질, 전개용매(pyridine+증류수+*n*-propyl alcohol+ethyl acetate, 부피비=5:10:30:55), 발색제(anisaldehyde+conc. H_2SO_4+95% Ethanol, 부피비=5:5:90), 늘인 capillary tube, 전개병, 핀셋, 일회용 스포이드, TLC(Thin Layer Chromatography)판, 연필.

실험 방법

1. TLC판을 준비한다. TLC판은 부드러운 플라스틱 판(또는 알루미늄 판) 위에 실리카겔($SiO_2 \cdot \chi(H_2O)$)의 얇은 막을 씌워서 만든 것이다. TLC판은 핀셋을 사용하여 한쪽 끝을 살짝 잡아서 움직이며, 실험대 위에 직접 놓지 말고 실험노트 위에 놓아두는 것이 좋다.
2. TLC판의 한쪽 끝에서 1.0cm 되는 위치에 직선을 연필로 살짝 긋고 반대쪽은 끝에서 0.5cm 되는 위치에 직선을 긋는다. 1.0cm 위치의 선 위에 간격이 일정하게 4개의 점을 표시하고, 그 아래에 역시 연필로 S(sucrose), F(fructose), L(lactose), X(미지 물질)의 문자를 살살 써넣는다(TLC 판위에 긋는 선이나 문자는 반드시 연필을 사용해야 한다. 만일 잉크펜을 사용하면 전개 용매에 의해 잉크가 모두 번져버린다).
3. 중간을 늘여 매우 가는 모세관을 2% 슈크로오스 용액에 살짝 담가서 모세관 접촉에 의하여 슈크로오스 용액이 모세관에 올라오도록 한다.
4. 모세관을 꺼내어 이를 거름종이에 가볍게 접촉시킴으로써 모세관 밖에 묻은 용액을 닦아낸다. 그리고 S 문자 위 점에 모세관을 빠르게 접촉시켰다 떼어내어 직경 약 1mm의 점을 만든다(반점이 너무 크면 이것이 널리 퍼져버릴 우려가 있으니 사전에 TLC판에 반점을 만드는 연습을 해두는 것이 좋다).

5. 각각 다른 모세관을 이용하여 프락토오스, 락토오스, 미지물질의 용액에 대하여도 위와 같은 조작을 행하여 이들의 반점을 정해진 위치에 만든다. 한 반점을 만든 뒤에 용매가 증발하기를 기다려서 다시 같은 용액을 떨어뜨리는 조작을 여러 번 반복하게 되면 전개될 시약의 양이 적당히 많아진다. 이러한 조작은 락토오스와 같이 눈에 잘 띄지 않는 물질의 경우에 특히 유효하다. 단 이 경우에도 반점이 커지지 않도록 주의해야 한다(미지물질은 슈크로오스, 프락토오스, 락토오스 중 하나이다).
6. 전개병에 전개 용매를 2mL 정도 넣고, 핀셋을 사용하여 TLC판을 전개병에 넣어 벽에 기대어 놓는다. 이때 전개 용매의 높이가 TLC판에 표시한 1.0cm 선보다 아래에 가도록 적당량의 전개 용매를 넣어야 한다. 전개병의 뚜껑을 빠르게 닫고 전개 시킨다(용매는 모세관 현상에 의하여 실리카겔의 틈새를 뚫고 TLC판 위쪽으로 이동하며 이와 동시에 반점을 끌고 가게 된다).
7. 전개병 뚜껑을 막은 채로 용매가 TLC판 위쪽 끝에서 0.5cm의 위치에 가까워질 때까지 기다린다(전개가 끝날 때까지 전개병 뚜껑을 열어서는 안 된다. 전개 용매가 TLC판 끝까지 올라가 닿으면 정확한 R_f 값을 구할 수 없다).
8. 용매가 TLC판 위쪽 끝에서 0.5cm의 위치에 가까워지면 TLC판을 전개병에서 꺼내 용매가 도달한 위치를 정확히 표시한다.
9. TLC판을 비커 위에 올려놓고 암후드 아래에 두어 용매가 완전히 증발되도록 한다.
10. 다음에 발색제인 아니스알데히드(anisaldehyde) 용액 속에 TLC판 전체를 살짝 넣었다 빼내어 깨끗한 100mL 비커에 넣고, 80℃의 오븐에서 반점이 나타날 때까지 가열한다. 이 시간은 15분이 넘어서는 안 된다. 반점이 나타나지 않으면 발색제 용액에 다시 넣었다 빼서 가열한다(반점은 시간이 지나면 희미해지므로 반점이 나타나면 즉시 연필로 그 윤곽을 그려야 한다).
11. 각 점에 대하여 R_f 값을 계산하고, 미지 물질은 어떤 물질인지 구분한다.

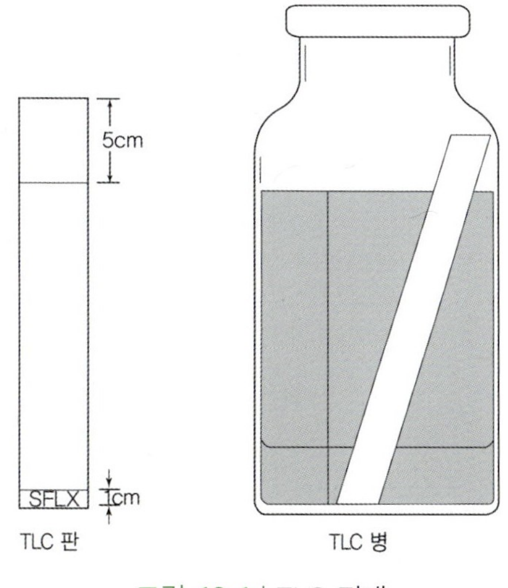

그림 18-1 | TLC 전개

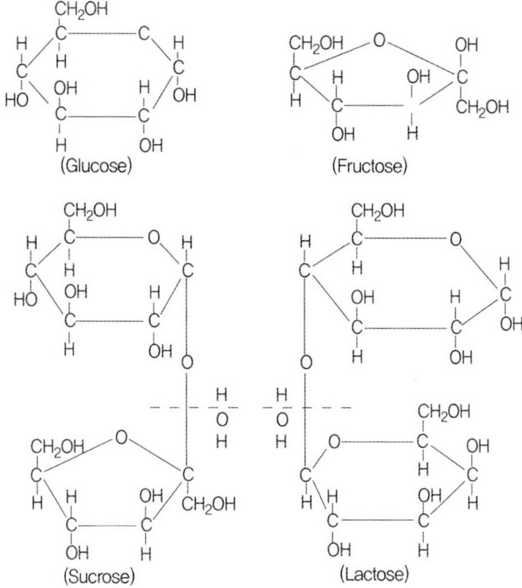

그림 18-2 | 당의 분자 구조

주의 사항

1. TLC판은 모서리가 매끄럽게 잘라야 한다.
2. TLC판 위에 연필로 표시할 때 너무 세게 눌러 긋지 않도록 한다.

화학실험 보고서

1. 전개가 끝난 TLC판의 스케치 (용매 및 반점의 이동거리를 명확히 표시할 것)
2. R_f 값 (전개용매 확인)

   sucrose = ________ ; fructose = ________ ; lactose = ________
3. 미지 물질명

   미지 물질의 R_f 값 = ________ ; 미지 물질 = ____________

실험 19 산화-환원 적정

이론 및 배경

산화-환원 반응은 산-염기의 중화 반응과 마찬가지로 우리 주변에서 많이 일어나고 있는 매우 중요한 반응이다. 분자는 양전하를 가진 원자핵들 주위에 음전하를 가진 전자가 구름처럼 분포하고 있는 구조로 되어 있다. 분자를 둘러싸고 있는 전자는 분자의 종류에 따라서 쉽게 떨어져 나갈 수 있는 경우도 있고, 그렇지 않은 경우도 있다. 그러므로 서로 다른 종류의 분자들이 서로 가까이 다가오게 되면 한 분자로부터 다른 분자로 전자가 옮겨가는 화학 반응이 일어날 수 있다. 이처럼 분자 사이에 전자가 옮겨가는 반응을 산화-환원 반응이라고 한다. 산화-환원 반응에서 전자를 잃어버리는 분자는 '산화'되었다고 하고, 그 전자를 받아들이는 분자는 '환원'되었다고 한다. 전자를 내어주어서 다른 분자를 환원시키는 분자를 환원제라고 하고, 전자를 받음으로써 다른 분자를 산화시키는 분자를 산화제라고 한다.

산화-환원 반응은 산-염기 반응과 마찬가지로 정량적으로 일어나기 때문에 시료의 농도를 알아내는 부피분석법으로 활용될 수 있다. 농도를 정확하게 알고 있는 산화제 또는 환원제의 표준용액으로 시료를 완전히 산화 또는 환원시키는 데 필요한 양을 측정하면 시료에 들어 있는 물질의 농도를 알아낼 수 있다. 산화-환원 적정의 종말점은 여러 가지 방법으로 알아낼 수 있다. 일반적으로 화합물이 산화되거나 환원될 경우에는 색깔이 변화하는 경우가 많기 때문에 사용한 산화제나 환원제의 색깔 변화로부터 종말점을 직접 알아낼 수 있는 경우도 있고, 산-염기 적정에서처럼 지시약을 사용하기도 하며, 전기적인 방법을 사용하기도 한다.

적정에 가장 흔히 사용되는 산화제는 과망간산칼륨($KMnO_4$)이다. 그러나 과망간산칼륨은 순수한 상태로 얻기가 어렵고 대부분의 경우에는 소량의 이산화망간(MnO_2)이 들어 있어서 옥살산나트륨($Na_2C_2O_4$)과 같은 일차표준물질로 표준화해야만 한다. 옥살산나트륨과 과망간산칼륨은 다음과 같이 반응한다.

$$2MnO_4^-(aq) + 5C_2O_4^{2-}(aq) + 16H^+(aq) \rightarrow 2Mn^{2+}(aq) + 10CO_2(aq) + 8H_2O(l)$$

시약 및 실험기구

뷰렛과 뷰렛 홀더를 가진 스탠드(stand), conical 비커, 1*M* H_2SO_4, $KMnO_4$, $Na_2C_2O_4$, 모어염(Mohr's salt), 물중탕 용기, 온도계

실험절차

가. 0.02*M* $KMnO_4$ 표준화

1. 0.02*M* $KMnO_4$ 용액 100mL를 제조한다.
2. 0.05*M* $Na_2C_2O_4$ 용액 20mL와 1*M* H_2SO_4 용액 0.5mL를 conical 비커에 취한다.
3. 뷰렛에 $KMnO_4$ 용액을 채우고, conical 비커에 18mL 적가한 후, 60℃ 정도로 물중탕하며 무색이 될 때까지 기다린다.
4. 무색으로 탈색된 conical 비커의 용액에 뷰렛에 들어 있는 $KMnO_4$ 용액을 한 방울씩 첨가해서 갑자기 용액의 색이 변할 때까지 적정한다.
5. $KMnO_4$ 용액의 정확한 농도를 다음의 식을 사용하여 계산한다.

$$5MV(KMnO_4) = 2M'V'(Na_2C_2O_4)$$

나. 미지시료의 Fe^{2+} 함량 결정

1. conical 비커에 미지시료(Mohr's salt) 0.5g 정도를 넣고 20mL 증류수로 녹인 후, 1*M* H_2SO_4용액 0.5mL를 넣는다.
2. 위에서 표준화시킨 $KMnO_4$ 용액을 사용하여 위와 같은 방법으로 적정한다.

$$MnO_4^- + 5Fe^{2+} + 8H^+ \rightarrow 2Mn^{2+} + Fe^{3+} + 4H_2O$$

3. Fe^{2+} 용액의 농도를 다음 식을 사용하여 계산한다.

$$5MV\ (KMnO_4) = M'V'\ (Fe^{2+})$$

화학실험 보고서

가. 0.02*M* $KMnO_4$ 용액의 표준화

	1차 측정	2차 측정	3차 측정
$Na_2C_2O_4$ 용액의 부피 (mL)			
$Na_2C_2O_4$ 용액의 몰농도 (*M*)			
적정에 사용된 $KMnO_4$ 용액의 부피 (mL)			
$KMnO_4$ 용액의 계산된 몰농도 (*M*)			
$KMnO_4$ 용액의 평균 몰농도 (*M*)			

나. 미지시료의 Fe^{2+} 함량 결정

	1차 측정	2차 측정	3차 측정
적정에 사용된 $KMnO_4$ 용액의 부피 (mL)			
표준화된 $KMnO_4$의 몰농도 (*M*)			
Fe^{2+}의 몰수 (mol)			
Fe의 무게 (g)			
Fe의 % 함량 (%)			
Fe의 평균 % 함량 (%)			

실험 20 전기화학: 갈바니 전지(Galvanic Cell)

이론 및 배경

전기화학은 산화-환원 반응의 경우와 같이 전자의 이동을 포함한 특정 화학변화에 기초를 두고 있다. 이러한 화학반응은 갈바니 전지에서와 같이 자발적으로 일어나서 전기에너지를 생산해낼 수도 있으나 어떤 반응은 전기 분해에서와 같이 반응이 자발적이지 못하고 전기에너지를 외부에서 공급해야 반응이 일어나는 경우도 있다. 화학 전지는 두 가지의 반쪽 반응(half reaction)을 포함한다. 전자가 방출되는 쪽인 산화 반쪽 반응과 전자를 받아들이는 쪽인 환원 반쪽 반응이 그것이다. 전지에서 우리가 실험적으로 측정할 수 있는 알짜 전압은 두 가지의 반쪽반응에 대한 전위(potential)의 단순한 합이다. 각 반응에 대한 전위는 그 반응이 일어날 수 있는 상대적인 능력의 척도이다. 그러나 반쪽 반응의 전위는 직접 측정할 수 없기 때문에 반쪽 반응의 전위에 대한 수치는 임의적인 것이며, 표준 수소 반쪽 반응에 대한 전위 값을 0으로 하고 다른 반쪽 반응의 전위 값을 정한 상대적인 값이다. 일련의 환원 반쪽 반응에 대한 표준 환원 전위 값들이 부록에 나와 있다.

자발적으로 일어나고 에너지를 전달할 수 있는 산화-환원 반응은 외부 회로에 전류를 흐르게 할 수 있다. 갈바니 전지도 이 원리에 의하여 작동된다.

일상적으로 많이 쓰는 납축전지는 산화-환원 반응을 만드는 전지를 여러 개 연결한 것이다. 갈바니 전지에서 산화 반쪽 반응과 환원 반쪽 반응은 각각 다른 전극에서 일어난다. 이 전지에서는, 한쪽 전극에서 일어나는 산화 반쪽 반응에 의하여 방출되는 전자가 외부의 금속 도선을 통하여 환원 반쪽 반응이 일어나는 다른 쪽 전극으로 흐를 수 있도록 구성되어 있다. 금속 도선을 통하여 이동하는 전자의 흐름이 곧 전류이다. 전지 전체로서의 알짜 반응은 하나의 산화-환원 반응이다. 다니엘(Daniel) 전지는 구성하기가 매우 쉬운, 하나의 갈바니 전지이다. 자발적으로 일어나지 않는 산화-환원 반응의 경우는 반응을 일으키기 위하여 전기 에너지의 공급이 필요하다. 전기분해를 하려면 전해질 용액에 다른 전지에 의해서 전류(전자의 흐름)를 흘려주어야 하며, 그렇게 해야 전극

에서 화학 반응이 일어난다. 이때 산화 전극에서는 강제적인 전자의 방출이 일어나고, 이 전자가 외부 도선을 통하여 환원 반쪽 반응이 일어나는 환원 전극으로 들어간다. 전기분해 반응 중 용액을 통한 전하의 이동은 반대 전하를 가진 전극을 향하여 이온이 이동함으로써 이루어진다. 일정한 전기분해 시간 중 음극에 들어온 전자의 수는 양극을 떠난 전자의 수와 같다.

시약 및 실험 기구

유리 수조, 세라믹 용기(염다리 역할 및 용기 역할을 동시에 함), 구리판, 아연판, 전압 센서, 전류 센서, MBL 장비, Na_2SO_4, 0.5M KI 수용액, 3M HCl 수용액, filter paper, watch glass

실험방법

가. 갈바니 전지 만들기

1. 3.75g 정도의 $NaSO_4$를 250mL volumetric flask에 넣는다.
2. 증류수를 표선까지 넣고 교반한다.
3. 위에서 만든 용액 중 150mL 정도는 유리 수조에 넣고, 나머지 100mL 정도는 세라믹 용기에 넣는다.
4. 가운데가 접힌 구리판을 유리 수조와 세라믹 용기 사이에 조심히 넣고, 아연판은 세라믹 용기 내에 넣는다.
5. 노트북을 켜고 인터페이스와 전압 센서를 연결한다.
6. 전압 센서에 연결된 도선 끝에 있는 악어 클립을 구리판과 아연판에 연결하고, 시작하기 버튼을 클릭해서 안정적으로 측정되는 전압을 관찰하고 기록한다.
7. 전압 센서를 인터페이스에서 분리한 후 전류 센서를 연결한다. '시작하기' 버튼을 클릭한 후 안정적으로 측정되는 전류를 관찰하고 기록한다.

나. 전자의 이동 확인하기

1. watch glass에 filter paper를 놓고 전체적으로 젖을 만큼 녹말-KI 용액을 뿌리고, 3M HCl 용액 1방울을 떨어뜨린다.
2. 위에서 만든 갈바니 전지의 구리판과 아연판에 악어 클립이 달린 도선을 연결하

고, 두 개의 도선을 filter paper 위에 1cm 정도 떨어지게 하여 접촉시킨다.

3. 전자를 받아들이는 반쪽 반응이 일어나는 전극에 연결된 도선에서 요오드가 생성되고 파란색이 보이게 된다. 전자가 흐르는 방향을 확인하여 표시한다.

화학실험 보고서

1. 실험에서 만든 갈바니 전지의 대략적인 그림을 그리고 전자가 흐르는 방향을 표시하시오(이유를 실험 결과에 의하여 설명해야 한다).

2. 구리-아연 전극의 전지 반응과 전압 및 전류 측정값들을 쓰고, 산화 전극과 환원 전극을 표시하시오.

3. 반쪽반응 $Zn(s) \rightarrow Zn^{2+}(aq) + 2e^{-}$에 대한 전위가 +0.76V라고 가정하고 Cu, Mg, Sn의 산화 반쪽 반응에 대한 전위 값을 구하시오.

4. Cu, Zn, Mg, Sn를 가장 강한 환원제부터 차례로 쓰고, 그 이유를 설명하시오.

Memo

한양대학교 화학실험교재연구실

이학준	원호식	이용우	김용신	전형필
민선준	이상욱	박경호	방진호	유원철
이승현	이영복	장광석		

IC-PBL을 위한
일반화학실험

펴낸날 2022년 1월 20일 초판 1쇄 · 2026년 2월 20일 초판 3쇄
지은이 박경호 · **펴낸이** 이기정
펴낸곳 한양대학교출판부 · **출판등록** 제4-7호(1972.2.29)
주소 서울 성동구 왕십리로 222 · **전화** 02.2220.1432-4 · **팩스** 02.2220.1435
홈페이지 press.hanyang.ac.kr · **이메일** presshy@hanyang.ac.kr
표지 안광일 · **본문디자인·인쇄** 네오프린텍

값 15,000원

ISBN 978.89.7218.738.7 (93430)

JN437303